NEUROBIOLOGIA DEL INTELECTO

LIBRO XIX

"LA SUBLIMACIÓN DEL INTELECTO Y LA NEUROEPISTEMOLOGÍA"

ENSAYOS NEUROEPISTEMOLÓGICOS

YURI Q. ZAMBRANO, M.D.
2014

EDITORES

NEUROBIOLOGÍA DEL INTELECTO
LIBRO XIX:
LA SUBLIMACIÓN DEL INTELECTO Y LA NEUROEPISTEMOLOGÍA

Primera Edición.

Copyright © 2014, By Yuri G. Zambrano. Respecto a la primera edición de **NBI EDITORES** en español, para todos los libros del autor asociados a NEUROBIOLOGIA DEL INTELECTO y *SUMMA NEUROBIOLOGICA*.

EDITORES
(E-mail: neuronalself@gmail.com).

International Standard Book Name:
ISBN 978-1-326 - 12351 – 2

Prohibida la reproducción total o parcial de esta obra por cualquier medio sin la autorización escrita del editor.

IMAGEN EN PORTADA: Neuroepistemólogo pescando un "*Inn*" en el bosque neuronal (Diseño Autoral).

Diseño e Impresión: NBI Editores

Impreso en México.

Arial 12 pts. mayor parte del texto y Bibliografías en Times New Roman, 10 pts. Títulos y estilo acordes a convenciones generales. Gráficas debidamente reseñadas y bibliografiadas, según derechos internacionales de autor.

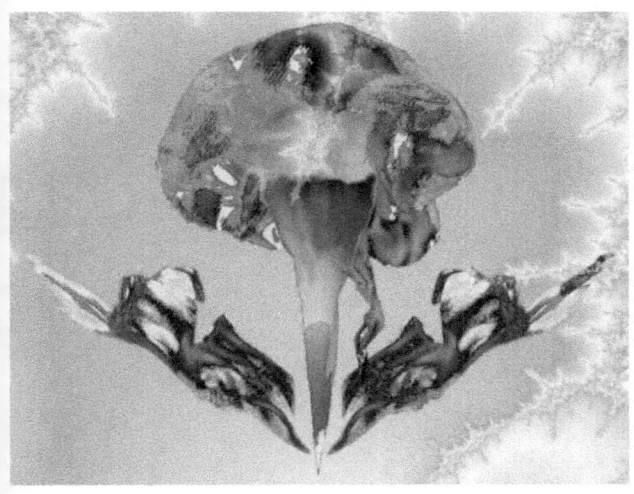

¿Cuándo comienza el aprendizaje?

Hay una brecha considerable entre conocer el nombre de las cosas, **re**-conocer el nombre de esas cosas, y entender finalmente tales cosas.

Cuando creemos comprenderlas, apenas nace el concepto.

A todo eso, hay que darle vueltas constantemente!

Tenochtitlan,
Enero 22, 1989.

Le Faux Miroir, 19 x 27 cm. Óleo sobre tela.
Museo de Arte Moderno de Nueva York
René Magritte, 1928

Contenido

LIBRO XIX

I Proemio a la edición global	....	III
II. *Summa neurobiológica*	................….....	V
III. Prefacio al Libro XIX	....	XI
IV. Sincronía Sináptica Multidimensional	.....	XV
V. Creencia Neurobiológica	....	XVII
VI. Acrónimos	....	XIX

LA SUBLIMACIÓN DEL INTELECTO Y LA NEUROEPISTEMOLOGÍA

MÓDULO 61

TRAS LA UTOPÍA DEL ENGRAMA CONCIENCIAL

61.1 Estructuras Implicadas	....	2
61.2 Relevancia Hemisférica	....	8
61.3 Aproximaciones Metodológicas	....	13
61.4 La Fórmula de la TEN y la Conciencia	.....	27

MÖDULO 62

CONSIDERACIONES FILOSÓFICAS

62.1 Precisando al epistema	................…..	40
62.2 Lógica y Epistemología del Siglo XX	....	44
62.3 El Fluir del Pensamiento Emocional	....	46
62.4 Inteligibilia y otros mundos concienciales	...	50
62.5 Husserl	....	52
62.6 Posturas Contemporáneas	............., ...	58
62.6.1 Naturalismo Pragmático	....	72

II

MÓDULO 63

EL EPISTEMA PROTEICO

63.1 Las Moléculas de la Conciencia 83
63.2 Proteínas capaces de dar sobrevida o acabar con una neurona 99
63.3 La Alta Especialización 111

MÓDULO 64

LA CLAVE DE ACCESO

64.1 La Neuroepistemología (TEN) 129
64.2 Expectación Neuronal 141
64.3 Proteómica Computacional y Engrama de la Conciencia 146
64.4 Más Allá de la Subjetividad 154
64.5 Accesando al problema ontológico del Hombre-Máquina 163
      64.5.1 Ergología y Ergonomía Cibernética 166
      64.5.2 Consideraciones para un abordaje Neuroontológico de la Conciencia 169
64.6 La Sofisticada Epistemología Neuronal 175
      64.6.1 Las Células de Posicionamiento y el *Inn* (♀), un Paso Adelante en el GPS de Redes Neuronales 179
           64.6.1.1 Como Opera el *Inn* (♀), Respecto a los Sistemas de Navegación Intrared? 183
64.7 Aproximaciones Neuroepistémicas a la Sensopercepción Subjetiva   186

EXCERPTA SUCINTA 195

BIBLIOGRAFIA 197

PROEMIO PARA LA EDICION TOTAL

Después de mucho considerarlo y ponderar si "Neurobiología del Intelecto", — un tratado sobre el devenir de la neurobiología y sus aplicaciones a las funciones cognitivo-intelectuales y concienciales—, debería ser fraccionado; se decidió realizar la edición de esta apoteósica obra - con más de 1500 hojas (en A4) -, integrando publicaciones más breves. Es decir, volúmenes con exégesis a manera de *epítomes* o compendios como si fueran excerptas que pudiesen ser digeribles y más abiertas al lector interesado en dilucidar los enigmas que la neurobiología nos ofrece, para entender, el cómo se estructura el curso del pensamiento intelectual.

Originalmente la obra, fue finalizada hace 10 años, en más de 64 módulos con apéndices algorítmicos que sustentan la teoría de la epistemología neuronal (TEN). Estos módulos, obedecen a la nueva perspectiva de procesamiento neuronal, basada en modelos distribuidos, donde la información es procesada jerárquicamente en columnas neuronales; siguiendo además, los cánones de reverberación sináptica Hebbiana, útiles para consolidar los procesos de memoria y aprendizaje.

La obra está dispuesta en cinco partes, dividida didácticamente en módulos, iniciando desde conocimientos muy superficiales hasta la explicación de complejos mecanismos de procesamiento neuronal que se dan en las funciones de alto orden conciencial.

Así pues, la primera parte relaciona a la infraestructura del pensamiento, describiendo la función integral molecular de la neurona hasta los mecanismos que se utilizan para generar información coherente y sincronizada produciendo actividad intelectual. La segunda y tercera partes, tratan sobre fisiología y dinámica neuronal integrativa, desde la función biofísica de canales iónicos y la liberación de neurotransmisores, hasta la explicación de la integración de redes neuronales por mecanismos de retropropagación y algorítmicos. Las dos partes finales, contienen módulos de función cerebral superior como mecanismos de memoria e integración conciencial, describiendo la actividad neuronal que subyace en los estados amplificados de la conciencia, y también en los estados básicos de conciencia.

En esta colección de volúmenes, el autor, en comprometida recopilación, busca la actualización de sus bibliografías con casi 30 años de estudio en el tema, y además orientándolo por primera vez en español, hacia la Neuroepistemología; recurriendo al método científico, a la investigación en conciencia y a las redes neuronales que la generan; completamente analizadas desde el punto de vista de la TEN.

Este trabajo se presenta como una alternativa inicial, útil para diversificar el pensamiento y abrir opciones de búsqueda a nuevos investigadores que objetivamente, conforman la substancia de la esperanza humana.

A continuación la *summa neurobiológica original*, de la que se desglosarán las exégesis pertenecientes a "Neurobiología del Intelecto".

YURI ZAMBRANO

NEUROBIOLOGIA DEL INTELECTO

"SUMMA NEUROBIOLÓGICA"

- PARTE I -
INFRAESTRUCTURA DEL PENSAMIENTO

1. QUÉ ES LA NEUROBIOLOGÍA.

Módulo

1. De los Diversos Aspectos de la Neurobiología
2. De sus Herramientas Experimentales
3. Perspectiva Pragmático-Evolutiva de la Neurobiología Conductual
4. La Neuroimagen: una Estación de Relevo Futurista

2. El Fascinante Sistema Nervioso:
LA COMPLEJA MAQUINARIA FUNCIONANDO

Módulo

5. Principios Básicos Neuroanatómicos
6. Neurogénesis

LAMINAS ANEXAS

3. LA ULTRANEURONA,
O EL PARADIGMA DE LA ESPECIFICIDAD

Módulo

7. Cómo Funciona
8. El Tráfico Endosómico de Proteínas
9. La Personalidad De Las Neuronas
10. El Sorprendente Escenario Cerebelar
11. Sinaptogénesis y Guía del Axón.

4. "EN BUSCA DEL PENSAMIENTO PERDIDO…"
Algunas Disquisiciones sobre La Frenología
y La Topografía Cortical

Módulo

12. Aproximaciones al Estudio de la Fisiología Cortical
13. El Mapeo Cortical como Herramienta en la Comprensión De La Función Cerebral.
14. Estratificación Cortical y Corticogénesis
15. La Artesanía Cortical y la Emergencia de las Funciones Cerebrales Superiores.
16. Asimetría Hemisférica
17. Cómo se genera la imagen mental

- PARTE II -
LA DINAMICA NEURAL

A. IMPLICACIONES PARA UN MECANISMO OPERACIONAL

5. ONTOGENIA DE LOS SENTIDOS Y SUS VÍAS DE PROCESAMIENTO
El procesamiento de las sensaciones

Módulo

18. La Génesis Para Cada Uno, Tiene Sentido.
19. Las Vías De Procesamiento Sensorial
20. Cómo Actúan

6. APOPTOSIS Y MUERTE NEURONAL.
(Vida, Obra y Realidades De Un Sistema Neural)

Módulo

21. La Regeneración Neuronal y Las Perversiones Neurotróficas
22. La Totipotencialidad Celular y el Recambio Neuronal
23. El Sacrificio Neuronal Programado
24. La Diversidad Terapéutica de la Regeneración Neuronal

B. DE LA CONFLUENCIA DE LOS ELEMENTOS

7. DE LOS IONES A LA MEMBRANA.

Módulo

25. El Movimiento de Iones y La Generación Del Potencial De Acción
26. De Los Fundamentos Integrativos Para la Comunicación Neuronal.
27. Proteínas De Predominio Transmembranal Implicadas en la Comunicación Neuronal.
28. La Crítica Señalización Intracelular

8. ATENCIÓN: SINAPSIS TRABAJANDO

Módulo

29. Componentes Electroquímicos De La Sinapsis
30. Liberación De Neurotransmisores
31. Modulación Presináptica e Integración Neuronal

- PARTE III -
REDES NEURONALES

9. EL PROCESAMIENTO DE LA INFORMACIÓN INTELECTUAL

Módulo

32. El Centro de Múltiples Correspondencias
33. Redes Neuronales que son Imprescindibles
34. Importancia de los Neurotransmisores en la Modulación de las redes neuronales

10. QUÉ ES UN MODELO NEURONAL.
Módulo

35. De La Neurobiología Experimental Clásica a la Yoctocomputación
36. El modelo Neural del Proceso Matemático
37. Modelos Alternos De Procesamiento en las Funciones Cerebrales Superiores

11. NUEVOS CONCEPTOS EN PROCESAMIENTO NEURONAL

Módulo

    38. Conceptos Clásicos
    39. Conexionismo
    40. El Modelo Conexionista para acceder a la Fenomenología de la Conciencia
    APENDICE ALGORITMICO DE LA TEN
    (Incluye Sub-Apéndice Cuántico)

- PARTE IV -
LAS APLICACIONES DE ALTO ORDEN

12. LAS MOLÉCULAS DE LA MEMORIA

Módulo

    41. Bases Neurofisiológicas y Moleculares de la Memoria
    42. El Papel De Los Promotores Genéticos

13. AHORA QUÉ RECUERDO: Los Circuitos de Memoria y Las Cortezas De Asociación

    43. Sistemas De Memoria y sus Mecanismos de Almacenamiento y Recuperación
    44. Su Relación con el Lóbulo Temporal
    45. La Corteza Prefrontal

14. DEL OLVIDO AL NO ME ACUERDO (Memoria Emocional y Afectiva)

Módulo

    46. La Integración de la Respuesta Emocional
    47. La Memoria Y Las Hormonas
    48. Las Emociones: ¿Se Archivan? O Se Descartan...

15. HABLANDO SE ENTIENDE LA GENTE

Módulo

49. La Conformación Evolutiva del Lenguaje
y la Disociación Neural
50. Cómo se Genera la Adquisición del Lenguaje
51. La Arquitectura Neural del Lenguaje Articulado

- PARTE V -
NIVELES DE CONCIENCIA Y COGNICIÓN

16. UN VIAJE AL CENTRO DE NUESTRA CONCIENCIA "Aproximaciones Neurobiológicas".

Módulo

52. Quién es ese «Sí Mismo» que Tanto Mientan.
53. Las Bases Neurobiológicas que Permiten
Concebir el Problema
54. El Enfoque Neurofísico Conciencial
y unj Mapa Neurobiológico de la Mente

17. LOS NIVELES DE PERCEPCIÓN EN LA CLÍNICA DE LA CONCIENCIA

Módulo

55. Sueño y Coma, La Clínica Imperativa
Tras La Conciencia
56. Anomalías en la Percepción, que Indican Graduación Conciencial
57. Bases Neurales para la Cognición Ultrasensorial
58. Epilepsia: La Importancia del Aura como Nivel de Conciencia

18. LOS NIVELES DE LA PERCEPCIÓN EXTRASENSORIAL

Módulo

59. Estados Alterados y Ampliaciones de la Conciencia
60. La Fenomenologia Ultrasensorial de la Materia:
    En Demanda De Los Correlatos Neurales

19. LA SUBLIMACIÓN DEL INTELECTO Y LA NEUROEPISTEMOLOGÍA.

Módulo

61. Tras La Utopía Del Engrama Conciencial
62. Consideraciones Filosóficas
63. El *Episteme* Proteico
64. La Clave De Acceso ...

APÉNDICE X
LAS NEURONAS Y EL SEXO

Módulo

X.1. Genes y Cortejo: Conducta Sexual
X.2. Los Neurotransmisores y La Actividad Sexual
X.3. El Hipotálamo y El Sexo
X.4. La Evolución del Intelecto, ¿Se Debe a una Eficiente Selectividad Sexual?

BIBLIOGRAFÍA
Glosario
Índice Analítico

INTRODUCCION A LA OBRA EN PARTICULAR

LIBRO XIX

LA SUBLIMACION DEL INTELECTO Y LA NEUROEPISTEMOLOGÍA

Así como el eminente Karl Lashley, trató por muchos años de sustentar en su conocimiento la búsqueda de un sitio específico para la memoria: a nivel del estudio de la conciencia, ésta tarea parece ser más difícil; ya que las perspectivas actuales de la ciencia, permiten elucubrar que la mayoría de las funciones cerebrales superiores requieren la acción conjunta de muchos subsistemas neuronales, para lograr ejecuciones mentales exitosas.

Entre las más relevantes podría incluirse la funcionalidad del complejo olivo-cerebelar, el núcleo vestibular y sus interacciones con la ínsula, el complejo parahipocampal amigdalino-orbitofrontal, los ganglios basales y sus conexiones talámicas. Inferir la existencia de un «engrama», parece seriamente, algo utópico. Por eso, vale decir que las utopías son difíciles de abordar, pero fáciles de imaginar. Muchos son los reportes, los libros y las obras que desde tiempos inmemoriales y, aun en redacciones presocráticas, se han discutido sobre la *esencia* de la conciencia. En términos didácticos, este texto ofrece un panorama resumido de lo que los expertos en la materia, han venido sustentando. Además, en una tabla comparativa se sintetizan las más importantes propuestas tratando de encontrar un consenso para acceder a la conciencia.

Entre las aproximaciones científicas destaca el *problema del acoplamiento neuronal colectivo*, donde el procesamiento sensorial se asocia con la transferencia de información que debe concretarse en una armonía conjunta y precisamente sincronizada. Por otro lado, se apoya el sustento neurofisiológico del circuito tálamo-cortical que evidencia con gran elegancia que durante ciertos estados de sueño no se permite tal contextualización sensorial – al menos, acústicamente –. En una instancia propositiva se establece la adecuación de la fórmula matemática de la Teoría de la Epistemología Neuronal (TEN), ya no sólo como una aplicación simplista a los procesos atentivos de alto orden, sino como una consecuente herramienta que permite el análisis termodinámico, probabilístico y físico-químicos de los eventos concienciales.

Las descripciones filosóficas que tratan de dilucidar sobre la conciencia, también son discutidas en metodológicos planteamientos que disciernen mayormente sobre la problemática existente entre la "primera y la tercera persona". El objetivo de estas dos perspectivas, tanto la filosófica como la neurocientífica, es analizar y enunciar la trascendencia de los eventos moleculares intraneuronales en la generación de la conciencia, donde existen un sinnúmero de caracteres, que bien podrían ser parte del sustento esencial del fenómeno.

Se introduce el perfil epistémico de las proteínas nucleares llamadas *Nups* que semejan poros, los cuales sugieren grados de sofisticación en el plegamiento molecular, así como ciertas tareas que conceden la capacidad de predeterminar funciones celulares. Igualmente se enuncian posibilidades de ser los causantes de tal maquinaria, importantes dispositivos en la generación de eventos relacionados con la conciencia como los receptores asociados a aminoácidos excitatorios del tipo NMDA, los promotores genéticos y cinasas mitógenas; al igual que algunos espectaculares mecanismos de degradación que improvisan las sorprendentes proteasas.

Finalmente, y apoyados por el resto del texto, su principio ecuacional y la seleccionada bibliografía, se integran los fundamentos tanto semánticos como neurofilosóficos que son parte de los postulados de la Teoría de la Epistemología Neuronal y del libro de Neuroepistemología. La potencialidad de su desarrollo y aplicación a paradigmas vanguardistas, conciernen principalmente a quienes con su acuciosidad, logren establecer el puente interdisciplinario objetivo y preclaro, destinado a la resolución de todos los enigmas que nos presenta la *emergencia de la conciencia*.

EL AUTOR

XIV

DE LA PORTADA

There always been ghost in machines;
random segments of codes,
that a grouped together to form
unexpected protocols, unanticipated.
These free radicals are gentile questions of free will,
creativity, and even a natural
what we anime call the soul. …
… When is the perceptual schematic
become consciousness?

Isaac Asimov, 1998

SINCRONÍA SINÁPTICA MULTIDIMENSIONAL

Al centro, el modelo que identifica el fractal del conjunto de Mandelbrott, con sus componentes µ principal y varios µ de iteración dispuestos de manera adyacente o guardando la geométrica distribución que caracteriza estos modelos. Dentro del conjunto, se encuentra el signo del Patrón Fractal Coincidente, ⟨⟩ ; pues es allí donde confluye la simetría del conocido fractal: "Fuente Estelar" *("Star Pool")*, conformado bajo los cánones que se rigen por la fórmula: $Z = Z(n)^2 C$, donde Z es un número real y C, identifica los números imaginarios. Los colores fueron mezclados de acuerdo a un índice aleatorio a partir de una integral espectrofotométrica de colores primarios.

Los *inputs* numéricos utilizados para iterar el fondo y las terminales dendríticas que acompañan éste particular conjunto Mandelbrott, fueron diseñados bi-dimensionalmente, bajo el mismo patrón C (*imag ~ r*).

Fondo:

C *imag* = -0.028570999   Cr = -1.37142857142857100
Z *imag* = - 0.0939318   Zr = 0.141519679
Zoom Radius: 0.08691

La Espina Dendrítica Inferior Izquierda, fue constituida bajo los siguientes lineamientos:

C *imag* = -0.028570999   Cr = -1.37142857142857100
Z *imag* = 0.176713598   Zr = -0.075250624
Zoom Radius: 0.033949930   Coeficiente Radial: -195 ~ -200
Gradiente Equipotencial: -6.5000.

XVII

CREENCIA NEUROBIOLÓGICA

> En algún espacio de *terra firme*,
> al sureste de los lagos glaciares
> del Sol y de la Luna,
> Dentro del cráter del Volcán Xinantecatl.
> (Noviembre 16 de 1996, 01:43 am.)

Creo en la sinapsis de Sherrington,
señora y dadora de vida
que procede
del cono de crecimiento axonal
y de la unión neuromuscular,
primera transformación
de lo invisible a lo visible,
proceso de expansión de un sistema.

Creo en la liberación de
Neurotransmisores,
nacida de la despolarización neuronal
antes de la inhibición presináptica
y en los eventos que la componen.
Efecto de efectos moleculares
Luz de luz,
engendrados no creados
de la misma naturaleza biológica
de los ácidos nucleicos,
por quien todo fue hecho;

Que por nuestra salvación
fue crucificada en tiempos apoptóticos,
y por obra evolutiva,
fue ascendida a unidad neuronal,
sentándose a la derecha de la ciencia,
y de nuevo vendrá con gloria
para juzgar a crédulos y escépticos,
y su reino no tendrá fin.

Creo en la santa coherencia neuronal,
que procede de una armonía
sincrónica,
que por los dos anteriores
recibe comandos genéticos
predeterminados,
adoración y gloria,
dedicación y sustento;
y que habla por nuestros
comportamientos.

Y en la Neurobiología
que es una santa,
científica y apostólica
confieso que hay varios textos
para el perdón de nuestra ignorancia
esperamos la resurrección del
entendimiento
y la conversión del mañana
en prehistoria

                        Amén.

XVIII

ACRÓNIMOS

AB: Área de Brodmann
CaCMK: Calcio Calmodulin-Kinasa
CCA: Corteza Cingulada Anterior
CPF: Corteza PreFrontal
CPFDL: Corteza Prefrontal DorsoLateral
COF: Corteza OrbitoFrontal
CPN: Complejo Proteico Nuclear
CPM: Corteza PreMotora
CREB: *C-Response Element Binding*
EAC: Estado Amplificado de la Conciencia.
EMC: Estado de Mínima Conciencia.
EVP: Estado Vegetativo Persistente
FPDc: Factores PreDisponentes de la Conciencia
GABA: Acido γ Amino-Butírico
GNR: Genética, Nanotecnología y Robótica
GWS: *Global WorkSpace*
HD - HI: Hemisferio Derecho - Hemisferio Izquierdo
ISM: Integración Sensorio-Motora
LTP: *Long Term Potentiation*
MAPK: Mitógenos Activados por Proteina Cinasa
MEG: Magnetoencefalografía
MISSED: Mínima Integración Somato-Sensorial de los Estados de Deterioro.
MOR: Movimientos Oculares Rápidos
(Nα): Neurona Alfa
(N^C): Neurona Conexionista

(**N^E**): Neurona Expectante
(**NEq**): Neurona Ecualizadora
(**N^F**): Neurona funcionalista
(**N^I**): Neurona Individual
NIL: Núcleo IntraLaminar
NUPS: Nucleoporinas
PBM: Proteina Fijadora de Mielina
PFC: Patrón Fractal Coincidente (♀) *Inn.*
PPP-PTP: Perspectiva de la Primera Persona / Perspectiva de la Tercera Persona
PMAF: Patrón Motor de Acción Fija
rc: Robustecimiento Contingente
RMN: Resonancia Magnética
RSS: Reverberancia Sináptica Selectiva
SRAA: Sistema Reticular Activador Ascendente
SRP: *Signal Recognition Protein*
TEN: Teoría De La Epistemología Neuronal
TEP: Tomografía por Emisión de Positrones
ToM: Teoría de la Mente
V1: Corteza Visual Primaria

Si chacun de nous vivait d'une vie purement individuelle, s'il n'y avait ni société ni langage, notre conscience saisirait-elle sous cette forme indistincte la série des états internes? ...L'intuition d'un espace homogène est dejá un acheminement à la vie sociale.

...Notre existence se déroule donc dans l'espace plutôt que dans le temps: nous vivons pour le monde extérieur plutôt que pour nous; nous parlons plutôt que nous ne pensons; nous "sommes agis" plutôt que nous n'agissons nous mêmes. Agir librement, c'est reprendre possesion de soi, c'est se replacer dans la pure durée. L'erreur de Kant a été de prendre le temps pour un milieu homogène.

Essai sur les Donées Immédiates de la Conscience
Henri Bergson, 1912

Man kann sagen, dass die widersinnige erkenntnistheorie des solipsismus daraus erwächst, dass man unkundig radikalen prinzips der phänomenologischen reduktion, aber in gleichem absehen auf ausschaltung der transzendenz, die psychologische und psychologistische immanenz mit der echten phänomenologischen verwechselt.

Grundprobleme der Phänomenologie
Edmund Husserl,
Wintersemmester,
1910-1911

MÓDULO 61

TRAS LA UTOPÍA DEL ENGRAMA CONCIENCIAL

Desde tiempos de la frenología en el siglo XIX y mucho antes, se ha descrito con detalle, la importancia de las funciones cerebrales superiores en la participación de la generación del pensamiento y su

Yuri Zambrano

contribución a la estructura integral del individuo.

61.1 ESTRUCTURAS IMPLICADAS

Analizando que la atención, el procesamiento sensorio-motor y la conciencia, son fundamentales para sustentar las mencionadas tareas; es preciso interesarse ahora, por entender en qué consiste el componente imaginativo del intelecto. En teoría podría plantearse un mecanismo similar al de la subliminalidad de las neuronas, existente en los fenómenos subyacentes a la amplificación de la conciencia (Zambrano, 2014 A); pero objetivamente, la ficción parece ser un proceso más cotidiano.

Los planteamientos discutidos en el la Clínica de la Conciencia (Zambrano, 2014 b), donde se describen las interacciones de la mente, demuestran que la Neurociencia, todavía tiene un largo trecho por recorrer y también por sustentar; ya que los fenómenos analizados resultan ser muy particulares y no obedecen a correlatos temporales que traduzcan tareas comunes. Por ejemplo, entre una discusión oral-gesticulatoria de dos personalidades diferentes, cuáles son los mecanismos que se desencadenan para ir pensando simultáneamente lo que se va a decir, lo que se está recibiendo de información del otro cerebro y lo que debemos seleccionar para codificar, es decir, la respuesta intelectual acorde a la comunicación oral (para el caso del ejemplo) y si debemos acatarla (en el caso de una orden) o si debemos archivarla y en que tiempo procesarla (un consejo *a posteriori* sobre una decisión afectiva, o un comando diferido). Es más, determinar los procesos concienciales que se tienen cuando se hace caso omiso a lo que se está diciendo pero «se contemplan» varias posibilidades, por ejemplo contestar afirmativamente, pero realmente estar pensando en segundas y terceras opciones que puedan ser mas valederas o funcionales que la respuesta inmediata, son aún grandes dilemas que los expertos tratan de dilucidar continuamente, mediante modelos distintos.

La respuesta podría estar para algunos científicos en el espectro autístico, según el DSM V (Kupfer & Regier – APA, 2013), y más en el síndrome de Asperger (Zambrano, 2014 b). Sin embargo, esto representa un mínimo de la población. Entonces, ¿Cuáles serían los fundamentos neurales de la imaginación, siendo que es la manifestación necesaria más trascendente de la actividad intelectual?

Este carácter de hipersincronización neuronal va más allá de la simple fenomenología predictiva, comúnmente asociada a mecanismos operacionales primarios de preeminencia sensoriomotora. Si un animal recibe un estímulo, la respuesta motora es casi obvia y se realiza por condicionamiento operante o bajo estructuras ordenadas de pensamiento en rangos de milisegundos; el hecho de que exista la predicción como parte del pensamiento, sólo es un mínimo eslabón de la gran cadena y puede estar justificado para su ejecución, del concurso de estructuras esenciales como el circuito tálamo-cortical, el complejo olivo-cerebeloso, la formación reticular y las interacciones retroalimentadoras que se dan con el sistema límbico; incluyendo las de los núcleos paraventriculares e intralaminar del tálamo (Zambrano, 2014, E).

Un ejemplo de las inferencias del pensamiento superior, es el que se presenta en el procesamiento semántico del lenguaje, y más análogamente en los modelos neuronales de cálculo numérico referidos en el módulo 36. Sin embargo, los anteriores ejemplos no sustentan la complejidad del problema. Hemos visto que tanto los números como el procesamiento semiótico del lenguaje e incluso en su componente auditivo pueden tener un carácter tangencial de subjetividad, basado en los signos y símbolos. Analizar el problema de la imaginación, requiere: "*además de imaginación*", algo de conciencia: una misión doblemente compleja, si consideramos que existen particularidades subjetivas, cuya categoría incluye eventualmente al conjunto conformado por los elementos de la conciencia fenoménica descritos como *qualias*.

Es necesario entonces, clarificar la distinción primordial existente entre la atención y la conciencia como procesos cerebrales distintos (Koch & Tsuchiya, 2007), pero dependientes de fenómenos provenientes del entorno. Sin embargo, parece subsistir una variable totalmente independiente respecto de la imaginación, puesto que para ella, realmente no necesitamos estar enfocados en ciertos aspectos ambientales y su independencia total de la conciencia, goza de un enfoque actualmente polémico a discernir, ya que los científicos no se ponen de acuerdo si se necesita tener plena conciencia predictiva o no, para desencadenar procesos de imaginación.

Vilayanur Ramachandran ha sido contundente al señalar que fenómenos como la sinestesia y el "miembro fantasma" observado en individuos que han sufrido amputación de alguna de sus extremidades, son eventos que requieren de la atención de estudio dentro de los abordajes no somáticos, pero si operativos de la conciencia que tienen implicaciones hemisféricas en la emergencia del fenómeno a partir de las inferencias de Michael Gazzaniga y Roger Sperry en cerebros sometidos a comisurotomías (Zambrano, 2014 b). Como parte de un ejercicio didáctico sustentado en toda esta *Summa Neurobiológica,* durante los últimos cinco capítulos, se sugieren dos modelos anatómicos, que permiten inferir la distribución y parcelación del procesamiento de ciertos acontecimientos de la conciencia, para un mismo cerebro.

Retomando la idea del diagrama semántico-conciencial, planteado en la figura 15.8 del capítulo «Hablando se Entiende la Gente» (Zambrano, 2014 F) para explicar el modelo que sustenta la operatividad de los hemisferios cerebrales en la generación de la conciencia; se hace muy evidente la complejidad de las diversas conexiones cercanas al área del lenguaje, y las interacciones entre el Sistema Reticular Activador Ascendente del tallo encefálico, la corteza y sus conexiones reciprocas con específicas áreas subcorticales y límbicas, donde hay una notable dependencia neuroquímica.

Allí es donde descansa la importancia subcortical de la ínsula como un probable fenómeno de relevo conciencial de alto comando, entre el núcleo olivo-cerebeloso, el núcleo vestibular, los ganglios basales y su vecindad talámica, amén de la camaradería con las cortezas parahipocampales y de asociación. Esta primera aproximación, respalda las teorías electrofisiológicas observadas en la dualidad bidireccional de las conexiones tálamo-corticales, cuyas células responden con oscilaciones promedio de 40 Hz para realizar procesamientos de integración sensoriomotriz y cognitivos, compatibles con el carácter intelectual que distingue a los primates superiores, desempeñando praxias de alto comando como el lenguaje articulado, la planeación operacional de actividades secuenciales y la calculia, adscritas y comprobadas científicamente a funciones de correspondencia, localizadas en el hemisferio dominante.

El estudio de los hemisferios para comprender fenómenos de estructuración de conciencia es fundamental para la neuroepistemología (Zambrano, 2012). La importancia conciencial para cada uno de los hemisferios no sólo está limitada a la tabla 19.1. Las asimetrías hemisféricas han demostrado que las funciones para específicas tareas cerebrales pueden dar interesantes manifestaciones cognitivas, entre ellas la instalación de procesos mnésicos y la participación de la corteza prefrontal del H.D, resulta ser de gran valía en el momento de traer a la memoria rostros poco familiares o que no han sido vistos en largos períodos de tiempo, gracias a las ventajas espaciales que caracterizan tal hemisferio.

61.2 RELEVANCIA HEMISFÉRICA

En su conferencia magna ante el respetable comité del Instituto Karolinska, el Nobel RW Sperry, reconoce la importancia del trabajo de la tesis doctoral de su estudiante Jerre Levy.

> *« More direct, controlled evidence for right hemisphere superiority in tasks requiring higher cognitive ability came from studies by Levy... The left being basically analytic and sequential, the right spatial and synthetic. »*
>
> *(Sperry, 1981)*[1]

Partiendo de la anterior premisa, la tabla comparativa HI~HD, permite la extrapolación de la generación de un modelo biconciencial,

---

[1] Sperry RW (1981) Some effects of disconnecting the cerebral hemispheres. December 8 of 1981. The Nobel Lecture Phisiology or Medicine, Elsevier Publishing Co. Citando a Levy, J (1970). Information processing and higher psychological functions in the disconnected hemispheres of commissurotomy patients. Unpublished doctoral dissertation, California Institute of Technology. (Ann Arbor, Mich.: University Microfilms No. 70-14, 844).

La Sublimación del Intelecto y la Neuroepistemología

ilustrando el carácter funcional de cada hemisferio.

Tabla 19.1 CONCIENCIAS OPERATIVAS PARA CADA HEMISFERIO.

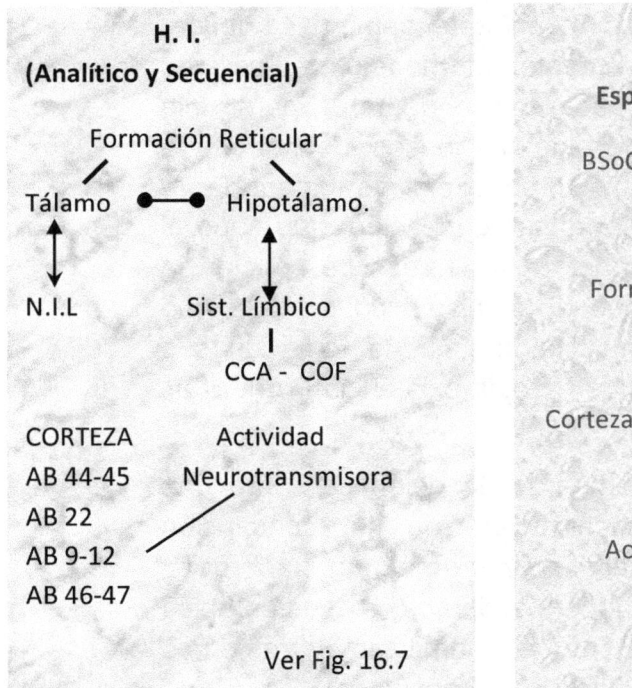
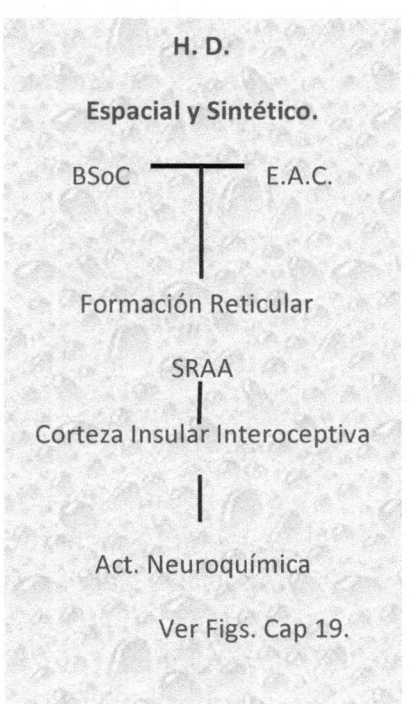

En lo concerniente al H.I, es probable que tenga relación con la «interpretación» que debe tener el individuo sobre la existencia de su propio "ser" (Wolford *et al*, 2004). Esto puede ser apoyado en la evidencia que hay mayor número de estructuras límbicas durante tareas emocionales activadas del lado izquierdo y que con la participación de la Corteza OrbitoFrontal (COF), pudieran intervenir activamente en la emisión de juicios, la toma de decisiones y en los eventos asociados al libre arbitrio.

En un especifico artículo orientado a la investigación en este campo, se infiere que efectivamente, el modelo del cerebro dividido es trascendental para la estructuración de las bases neurales que fundamentan el concepto de categoría (y correspondiente categorización) que tiene el "ser", - respecto a las tareas de conciencia operativa que el *sí mismo* considera como propias - justificando así, la toma de sus decisiones y su propia existencia (Turk *et al*, 2005).

Sin embargo, la polémica sobre una eventual localización de la concepción operativa del *sí mismo* en alguna parte de la corteza, puede remitirnos a sustentables paradigmas que analizan trastornos neuropsiquiátricos conocidos como de pseudoidentificación (Hirstein & Ramachandran, 1997), tipificados en los síndromes de Capgras, Fregoli, reduplicación delusional o paramnesia reduplicativa descritos en detalle en el módulo 56 (*Ver índice general*); en los que bajo análisis clínico-patológicos y de resonancia magnética, los científicos elucubran la posibilidad de evidenciar frenológicamente este carácter conciencial, ubicándolo en la corteza prefrontal derecha (Platek *et al*, 2004, Feinberg & Keenan, 2006).

    Mediado por estas observaciones, y sin duda, un segundo modelo, aplicable al hemisferio contralateral (no dominante), es generado dentro de una fenomenología que implica estados amplificados de la conciencia, que difieren de los estados basales de conciencia (BSoC, por sus siglas en inglés, *Basal States Of Consciousness*), término acotado por Stanislav Grof, Ram Dass, Charles Tart, Frijtof Capra y correligionarios (Maslow *et al*, 1980). En esta consecuente propuesta, existe gran participación de neurotransmisores generados en el *Locus Ceruleus*, en el núcleo del *rafé* de la formación reticular y de alta densidad mesolímbica a nivel del núcleo Accumbens, consumiendo altísima energía metabólica en hemisferio derecho, según los criterios de Marcus Raichle y el grupo original que propuso los principios funcionales de la Tomografía por Emisión de Positrones.

Disociaciones Concienciales en el Procesamiento Neuronal

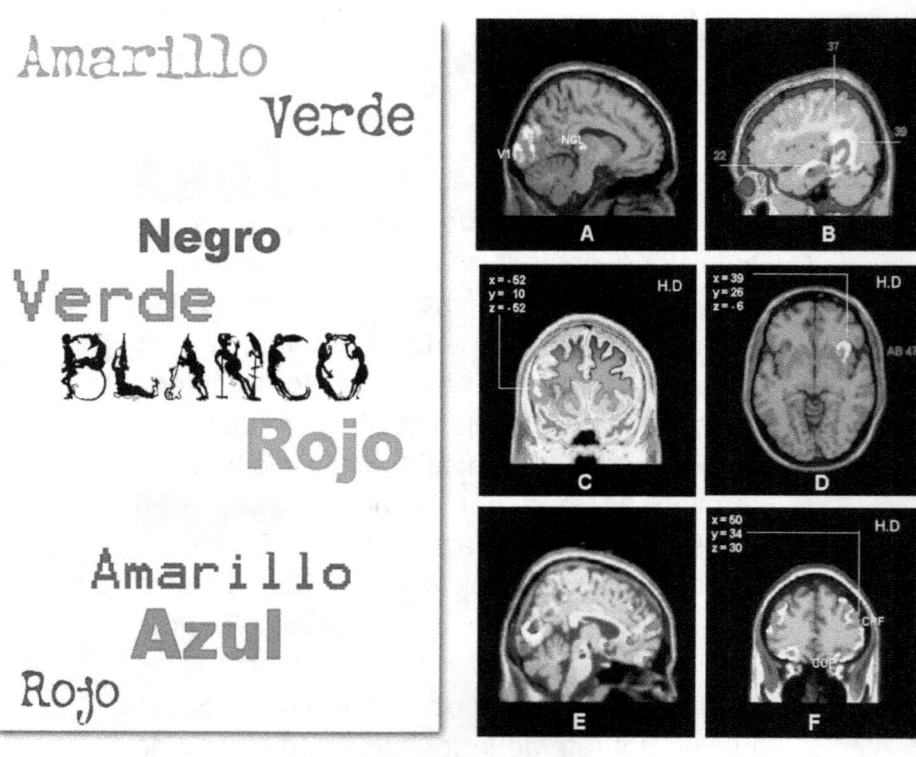

Fig 19.1 ¿Leer? ó asimilar colores: Disociación Neural Visuo-Gramatical. Se utilizan colores primarios con sus combinaciones elementales según longitud de onda, además de un elemento neutro (blanco-negro) y los paradigmas rojo~verde y azul~amarillo, asociados a los patrones de dominancia ocular que ostenta la corteza visual. En el reconocimiento del icono, la vía visual registra el conjunto de letras, y el cerebro muestra relativa dificultad para integrar los comandos de identificación semántica a nivel cortical en las áreas involucradas en la lectura (Ver módulo 50). A la derecha (serie en fondo negro), una simulación de resonancia magnética[*]. **A)**, ilustra la actividad en corteza visual primaria (V1), en áreas de Brodmann (AB 18-19) y actividad talámica en el núcleo geniculado lateral (NGL), entre 60 y 150 ms. **B)**. Se encienden: AB 22-37-39, **C)** área de *Broca* (AB 44-45) y **D)** AB 47 en hemisferio derecho (HD) encargada de la asociación semántica,

---

*** Ver **mención referencial** sobre el simulador de RMN y su aplicación didáctica, en páginas de introducción general.

Yuri Zambrano

La Sublimación del Intelecto y la Neuroepistemología

aproximadamente en los siguientes 500 ms. En **E)**, tras un lapso que tarda mínimo 650 milisegundos, el cerebro entra en conflicto tratando de seleccionar lo que le crea ambigüedad (lo que lee en voz alta, no corresponde a lo que vé). La participación de neurotransmisores y de algunas estructuras involucradas en el modelo auditivo-semántico (*Cfr.* 51.3), son trascendentales en este período para integrar un procesamiento sincrónico de alto orden, con sentido lógico. **F)**. La corteza prefontal (CPF), se especializa en tareas cognitivas de discernimiento y la corteza orbitofrontal (COF) es activada durante la toma de decisiones. ¿Lees? O simplemente ves...

En las actividades atribuidas al hemisferio derecho (No dominante en la mayoría de la población), las regiones que se antojan modelables, recaerían principalmente sobre AB 9-12 y 46, junto con porciones corticales inferotemporales (AB 26-30 y 34 a 36), con menor incidencia en las áreas de procesamiento visuo-espacial y una relativa activación de las cortezas cinguladas, dependiente de las sensaciones experienciales, que podrían tener la categoría y la subjetividad de los *qualias* (Zambrano, 2014 a).

61.3   APROXIMACIONES METODOLOGICAS

En gran parte de los científicos teóricos y neurobiólogos experimentales dedicados al estudio de la conciencia (Ver tabla 19.2); existe una aceptación por un cúmulo de posibilidades de abordaje del problema desde una perspectiva filosófica, que comprende varias tesis susceptibles de ser cotejadas científicamente (Metzinger,

2003, Searle, 2004, Chalmers, 2004, Dennett, 2005).

Entre ellas sobresalen el concepto elemental, como el que determinada conciencia debe existir sólo en mamíferos superiores, asentando el paradigma diferencial con la función cerebral superior de la atención «estoy consciente que no estoy poniendo atención» aclarando que no es lo mismo atención que conciencia (Koch & Tsuchiya, 2007), aparte de definir los polémicos estados del *yo* y del "ser" *(sí mismo);* además de la doble acepción de objetividad-subjetividad que se presentan entre la primera y la tercera persona (Zambrano, 2014 C). Otras tesis igualmente influyentes, asocian el enfoque de Thomas Nagel referente a la fenomenología inteligible y la objetividad y por supuesto al de los *qualias*, como fenómeno inherente de la subjetividad. Un movimiento motor para John R. Searle, insigne académico del Departamento de Filosofía, de la Universidad de California en Berkeley, equivale a dos niveles; el macronivel que implica el efecto maquinal de mover un brazo y el micronivel que requiere de neurotransmisores como acetilcolina para su ejecución; lo que demuestra que los elementos de la conciencia, son considerados clásicamente como un tipo de «epifenómenos» descritos también por Frank

La Sublimación del Intelecto y la Neuroepistemología

Jackson en 1982. En uno de su nueve enunciados, J.R Searle establece las diferencias entre la conciencia evolutiva, al otorgar por ejemplo el carácter filogenético entre una ave y otra, sugiriendo que no todos los animales alados pueden surcar los aires, (pingüinos, aves de corto vuelo, etc).

El cuestionamiento de su séptima tesis, sobre la propiedad emergente de la conciencia, quizá es lo más aplicable de sus disquisiciones. En efecto, él es de la opinión que no es clara y que al contrario, es confusa. Y basa su fundamento en los microelementos; en el oficio de sus unidades constitutivas, lo que sugiere la consideración del término «emergente»; y esto, tiene que ver con la causalidad. Igualmente, las dos restantes, son tremendamente esenciales para el fundamento de una nueva teoría, pues discuten el enfoque reduccionista de la conciencia. Searle, es de la opinión que el reduccionismo puede eliminar la parte conceptual de la fenomenología para dar cabida a la causalidad (Searle, 1998).

Sin embargo, en su última tesis de estudio, hay dos conceptos fundamentales por dilucidar. Aunque se basa en el símbolo y en las constantes de manipulación mental consciente o inconsciente, es claro que tales elementos necesitan de un proceso de archivo.

Teorias de Estudio en Conciencia

Tabla 19.2

CORRIENTES TEORICAS MÁS DIVULGADAS PARA ACCEDER AL ESTUDIO CIENTIFICO DE LA CONCIENCIA

Propuesta Teórica	Argumento	Acepción	Sustentación
Acoplamiento Perceptivo	Enlace Global y Alta coherencia Neuronal	Integral Neuro biológica	Singer, Treisman, Von Der Malsburg,
Actividad Oscilante Talamo-Cortical	Oscilación Neuronal a 40 Hz	Neurobiológica	Llinás ~ Ribary
Correlato de la conciencia	Coherencia Neuronal Generalizada a 40 Hz	Neuro filosófica	Metzinger. Crick ~ Koch
Darwinismo Neural	Reentrada, Modelos de retropropagación	Neurobiológica	Edelman, Sporns, Tononi
GWS	Ambito Global, cinco unidades, incluido el tiempo, atención y juicios subjetivos.	Integral Neurobiológica	Baars Dehaene ~ Changeux
Neuro fenomenología	Dinámicas neurales PPP-PTP	Integral Neurobiológica	Varela Lutz-Thompson
Sistemas Intencionales	Subjetividad e Intencionalidad	Filosófica	Dennett
Inteligibilia	3 Mundos: físico, transformativo, resolutivo	Filosófica	Popper~Eccles

La Sublimación del Intelecto y la Neuroepistemología

Marcador Somático	Adecuación Cognitiva-Emocional	Neurobiológica	Damasio
Interocepción Subjetiva	Corteza Insular *Sentient-Self*	Neurobiológica	Craig
Niveles Emergentes Naturalismo biológico	Causalidad Subjetividad (PPP)	Filosófica	Searle
Puente Psicofísico	"El Observador" Microdatos Cuánticos	Física	Stapp
RORQ (Reducción Objetiva Orquestada)	Microtúbulos, Orquestación Cuantal, MAP2	Física	Hameroff~Penrose
Subjetividad-Objetividad (Problema "*Tenaz*"...)	Construcción de un puente entre la 1ª y la 3ª persona.	Filosófica	Chalmers
Estados Parciales de Conciencia	Acceso a la Conciencia: *todo o nada*.	Filosófica	Kouider de Gardelle
Teoría de la Mente	Espectro Autista, Sind. de Asperger	Clínico Neurobiológica	Baron-Cohen,, Frith, Happe, Leslie, *et al.*
Desórdenes de conciencia (DOCs)	Coma, EVP, estados MISSED	Clínico-Neurobiológica	Laureys, Schiff

* (*Cfr.* Zambrano 2012, 2014 a,b,c).

En el análisis del paralelismo en la tabla 19.2 dentro de los probables enfoques de estudio

Yuri Zambrano

de la conciencia tenemos grandes unidades que parecen estar dentro de la taxonomía de los problemas fáciles, planteados en un clásico paradigma del siglo pasado (Chalmers, 1996).

Mientras que John Searle se enfoca por un reduccionismo operante hacia la causalidad, semejando un estilo Hameroff-Penrose, pero no tan *cuantal* sino más bien general y contundente; David Chalmers convoca a la razón experimental de los estados mentales. Ambos – y es de suponerse – como en la mayoría de las teorías, conjuntan a los *qualias* como la parte subjetiva de la conciencia y el elemento a procesar, tal y como debe comprobarse en los modelos de Crick y Koch, planteados por Urs Ribary y Rodolfo Llinás en el magnetoencefalógrafo en estados de sueño MOR, al no permitir la contextualización sensorial.

El común denominador es claro. El correlato fisiológico de la conciencia, es la actitud oscilante de un complejo neuronal determinado en 40 Hz. Sin embargo, hasta este espectro coyuntural, la perspectiva sensorial del problema del acoplamiento neuronal colectivo (*Binding Problem*), cuyos seguidores insignes Wolf Singer, Christoph Von Der Malsburg, Anne Treisman y demás citados, se apoyan en una sincronización simultanea de una percepción para ser

La Sublimación del Intelecto y la Neuroepistemología

traducida en imagen concreta, parece ser, más que crucial en la dilucidación del problema clave: ¿Es la conciencia, independiente del sensorio?

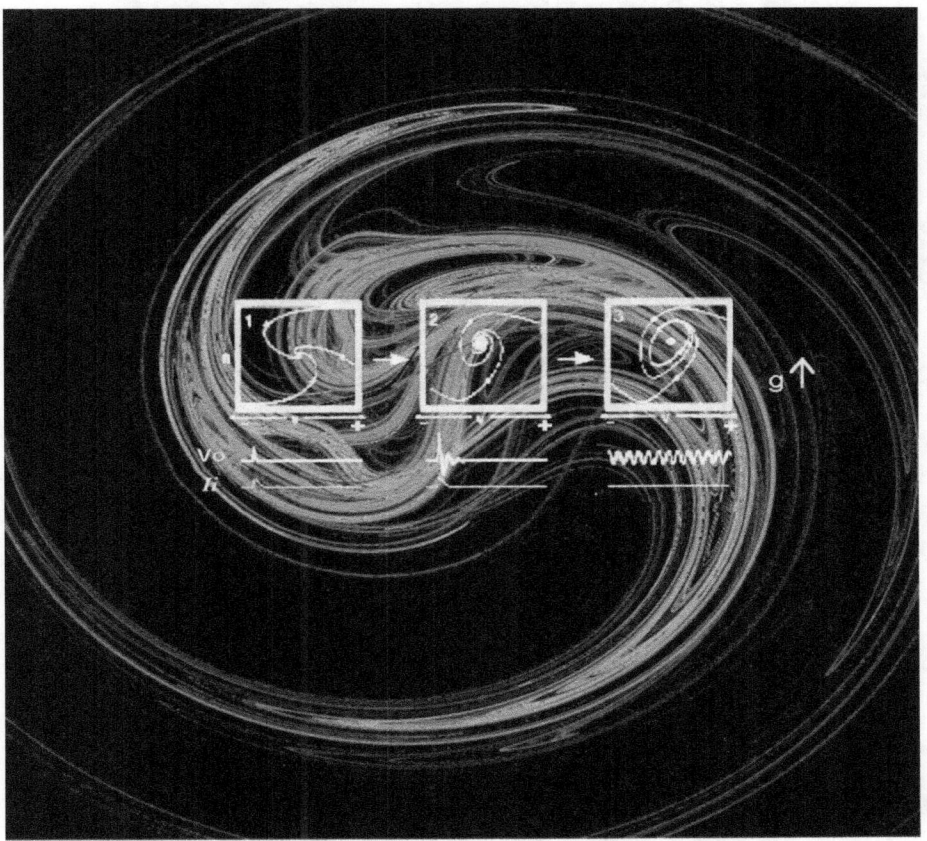

Fig. 19.2 Espectros planares en un modelo de resonancia neuronal. Los diagramas superpuestos en amarillo, ilustran un patrón resonante involucrándose continuamente dentro de un sistema oscilatorio espontáneo, que se amplifica cuando la conductancia aumenta. Por tanto, la frecuencia de tales oscilaciones resonantes es determinada por las propiedades de la conductancia. (Vo) Voltaje de salida y *(Ii)* Corriente de entrada de información *(Input Current)*. El patrón planar aleatorio de fondo, fue realizado

por emulación computacional, utilizando el programa *KPT 5, Frax Flame* con aplicaciones *random* a un rendimiento de 1.8 u γ. (Modificado a partir de Hutcheon & Yarom, 2000).

Bajo la premisa de que en general existen dos grandes vertientes para comprender la generación de la conciencia, una asociada al procesamiento de los estímulos perceptivos y la otra, independiente de la contextualización sensorial en el caso del sueño MOR, quedaría por dilucidar el vacío de sí, en efecto, para estar conscientes, es urgente la presencia de los sistemas de memoria, en cualquiera de sus modalidades.

Si el caso se asociare a especificidades subjetivas, los *qualias*, serían fundamentales para apoyar esta moción; mientras que en el caso del problema de acoplamiento neuronal colectivo; es más plausible la presencia de los eventos mnésicos.

Así es que, tenemos cuatro factores predisponentes generadores de la conciencia (FPDc):

A) Una conciencia operativa a 40 Hz dependiente de actividad sensorial.

B) La conciencia durante el sueño MOR, es independiente de, por lo menos, la contextualización auditiva, ligada al ciclo existente entre los núcleos intralaminares tálamicos y láminas corticales, IV principalmente; pero también con participación de otras capas (II y III).

C) Basado en el problema *"tenaz"* planteado por D. Chalmers: que la ejecución de las funciones enumeradas en el problema fácil de la conciencia, siempre va a estar asociado a una experiencia, por lo tanto con componentes subjetivos; ligados a la tercera persona, o como diría J. Searle, reductibles, solo si se plantea la causalidad.

D) La fenomenología analítica Husserliana y los parámetros de Karl Popper en cuanto a sus mundos. En especial el mundo 3, en el que existe un deber funcional independiente de las leyes físicas y mentales, basadas en la «*inteligibilia*». El mundo 1, depende de las leyes físicas; el mundo 2, de las transformaciones mentales o la disposición objetiva a ciertos comportamientos; y el mundo 3, corresponde al apartado de la teorización y la fijación de objetivos conducentes a la resolución de problemas (Popper, 1994). Finalmente el cerebro, por sus simples condicionantes operativos, está predestinado inteligiblemente a ser ligado a las actividades concienciales del «*sí mismo*» (Eccles and Popper, 1977).

He aquí el dilema del alma (Mundo 3). El problema del ser, como un ente físico (Mundo 1) en búsqueda de sus sentimientos y de su subjetividad (Mundo 2).

El dolor es parte de las manifestaciones subjetivas del individuo, ocasiona respuestas comportamentales y en él se plasman, lo que Antonio Damasio llama marcadores somáticos, y que podrían estar previamente determinados en la evolución de las especies (Damasio, 1996). Al existir el dolor, como una cualidad generada a partir de una transformación sensorial, estamos automáticamente dilucidando en el mundo 2 Popperiano. Si teorizamos, no sólo desde un punto de vista evolutivo como parte del mundo 3, sino en su complemento reduccionista, ya sea biológico o físico, estaremos a las puertas de la probabilidad y de la determinística de complejos sistemas existentes en el mundo 1; lo que nos brinda la oportunidad de resolver un problema que se antoja cotidiano y hasta trivial...

En relación a la conciencia preverbal, Arnold Gessell, uno de los más eminentes estudiosos del desarrollo evolutivo del niño; dice que el ser humano reconoce su figura en el espejo antes del año; y no solo eso, sino que la señala, lo que traduce que tal reconocimiento tiene una participación conciencial operativa. Es decir, ¿quién le dijo al niño que realmente ése era él? Lo más probable es que sea resultado de un condicionamiento en el que mediante estímulos continuos audiovisuales, él aprenda que su figura, la que se ve reflejada en el espejo, es efectivamente la suya. ¿Por qué el niño no confunde su cara con la de otros individuos de su misma edad? Qué lo hace pensar que efectivamente el espejo, no es otro icono que ocupa un lugar en el espacio? He aquí un interesante dilema. Obviamente esto sí está asociado a «epistemas grabados» o sistemas de memoria clasificados y probablemente a un puente entre la memoria implícita propia de los sistemas instintivos y condicionados y la explicita que garantiza que efectivamente, el niño ha aprendido a tener conciencia a largo plazo sobre la diferencia de su fisonomía con respecto a los demás objetos y seguramente, individuos que lo rodean. Es bien sabido que el niño no distingue, a esa edad claramente, qué es un objeto u otro, pero tiene la idea de categorización. O sea, esto asusta, esto no asusta. Esto es amigable, este veneno se come, etc; otorgando así, ciertas características cualitativas transitorias pero no definitivas hasta adquirir un criterio que lo conduce a calificar lo que es cierto o falso, o en su defecto, la concepción de la incertidumbre transitoria (creencias), otra concepción

Conciencia y Tautología

evolutiva de la conciencia y su relación con el epistema neuronal. Es decir, lo indecible, también conforma la evidencia subconciencial y es parte de la tautología conciencial. Por tanto, la tautología es aquella proposición lógica que no se dice, pero que es evidente, dejando de lado la representación relativa de ser una fracción repetitiva de un lenguaje.

Como se discute previamente, Ludwig Wittgenstein, tenía unas acepciones muy claras y también iconoclastas respecto al lenguaje de la conciencia y su sin sentido *(Unsinnig,* sinsentido sintáctico; *Sinnloss,* sinsentido tautológico)* (Wittgenstein, 1921).

> « *"Ich Weiß es" heißt oft: ich habe die richtingen gründe für meine aussage. Wenn also der andre das sprachspiel kennt, so würde er zugeben, daß ich das weiß. Der andre muß sich, wenn er das sprachspiel kennt, vorstellen Können, -wie- man so etwas wissen kann. Das heißt "die existenz des äußeren welt bezweifeln". Anderseit aber ist es richtig, wenn ich von mir aussage "Ich kann minch meinem namen nicht irren", und falsch wenn ich sage "Vielleicht irre ich mich". Aber das bedeutet nicht, daß es fur andre sinnloss ist anzuz weinfeln, was ich für sicher erkläre. "Ich kann mich darin nicht irren" Kennseichnet einfach eine art der behauptung.* » [2]
> *(Wittgenstein L, Uber Gewißheit, 1951)*

---

[2] "Lo sé", significa: tengo buenas razones para mi afirmación. De modo que, si el otro conoce el juego del lenguaje, debería admitir que lo sé. Si conoce el juego del lenguaje, se ha de poder imaginar -cómo- puede saberse algo similar. Eso se llama «dudar de la existencia del mundo externo". Pero por otro lado, es correcto cuando yo afirmo de mi mismo, "no puedo equivocarme en mi nombre", e incorrecto cuando digo «Quizá me equivoco". Aunque ello no significa que no tenga sentido que otra persona

La Sublimación del Intelecto y la Neuroepistemología

Sean parte del lenguaje de la conciencia o no, tales planteamientos de qué un sujeto pensante no existe, proclaman con énfasis claro, la vulnerabilidad de los conceptos concienciales con sus teorías del lenguaje del color y lo que se entiende por "apropiación del fenómeno".

La conciencia tiene cualidades subjetivas y los colores también, pero al existir el hombre en el universo y al existir la conciencia, esta puede transformar tal universo según la conciencia del hombre y así otorgarle determinado color o lo que es lo mismo, brindarle un sentido a la existencia de su universo, ya que la cualidad del conocimiento es subjetiva y depende del conocimiento de *sí mismo* o de su grado de aserción, con otra mente o su entorno.

La concepción semántica de la relación de consecuencia, derivada de las condiciones de verdad, son el fundamento para que se desarrolle la teoría de la probabilidad wittgensteniana. El puente entre lo decible y lo indecible, sentido y sin sentido del lenguaje epistemológico: trascendentalidad y trascendencia de los procesos mentales, es lo que analiza el filósofo escéptico vienés en su *Tractatus*

---

ponga en duda lo que yo declaro con seguridad. "No me puedo equivocar en esto", caracteriza solo un tipo de aserción. (L. Wittgenstein, Sobre la Certidumbre, 1951)

Logico-Philosophicus (Wittgenstein, 1921). En otras palabras, cualquier lenguaje permite proponer el sentido de las cosas, -incluso el algorítmico- y en la teoría de la epistemología neuronal, la promulgada "concordancia figurativa" de Wittgenstein[3], corresponde en la fórmula matemática (ecuación 19.1) al concepto de *Patrón Fractal Coincidente* (♀); concibiendo igualmente el mínimo margen de error (φ) siempre presente, en la coherencia y sincronicidad existente en el problema de enlace neuronal que trata de explicar las contingencias de la conciencia (φ = peso de la transferencia sináptica) .

El filósofo Thomas Metzinger, trata de discurrir actualmente sobre la acción ontológica de la conciencia (Metzinger & Gallese, 2003). Durante el pasado siglo XX, grandes pensadores dedicados a la metafísica se encontraron de frente con el tema de la ontología de la conciencia (Heidegger, 1959), cuyo sustrato fue abriéndose paso en posturas más existencialistas, reflexión que dominó el panorama filosófico de las últimas décadas, hasta crear una brecha de interesantes planteamientos en la disyuntiva con «*el ser*» y su inherente relatividad a la materia

---

[3] En *Philosophische Grammatik*. Ed. Rush Rhees. Frankfurt am Mein, 1969.

La Sublimación del Intelecto y la Neuroepistemología

(Quine, 1969). Una opción quizá más temeraria desde una perspectiva operativa ontológica ($Ov\tau\eta o\sigma$: ser), es considerar la contingencia objetiva y fundamentarla; que en efecto, todo lo que vemos es parte de nuestra mente.

En este caso, es menester justificar hasta qué punto, la conciencia tiene el mismo carácter de relatividad que el tiempo, dado que la memoria "desde la óptica trascendente respecto a los hechos", tiene un curso temporal. Si es así, entenderíamos que la tal conciencia es una más de las creaciones de la mente por acreditar la existencia del sistema universal en todo su contexto. Siendo la conciencia, una raíz fundamental de las explicaciones de nuestra existencia, sería exageradamente inconsciente no creer en la *esencia* neurobiológica de la conciencia.

Y sin embargo, los parámetros de inconciencia para cada uno de los individuos pueden radicar desde lo moral y lo ético hasta lo eminentemente neurofisiológico.

61.4 LA FORMULA DE LA TEN Y LA CONCIENCIA.

Debido a éstas variables contingentes, la existencia de la conciencia tiene un carácter relativo; pues depende de una incertidumbre temporal asociada a un cúmulo informativo de concordadas señales,

Las Variables de la TEN
destinadas a ser conjuntadas en los sistemas de percepción e integración tálamo-corticales y límbico-pontinos. La Teoria de la Epistemología Neuronal (TEN) (Zambrano, 2012) plantea matemáticamente una aproximación al modelo relativo para la operatividad de la conciencia, desglosado previamente en forma algorítmica (Zambrano, 2014 D).

(Ecuación 19.1)

$$P^{n+1} = t \; (\female/v)^{r \, (\infty . k)} \rightarrow \Delta E.$$

En el apéndice algorítmico de la TEN (Zambrano, 2012, 2014 D), se discute la importancia algorítmica y categórica de la ecuación 19.1, como parte de un sistema en constante retroalimentación. Allí se plantearon los aspectos *esencia*les de la jerarquía de P, como probabilidad de existencia de eventos asociados a la conciencia y también fue enunciado, el factor potencial que tiene dos connotaciones: 1). (n) la acción eminentemente fisiológica, asociada a la condición de la expectancia neuronal que garantiza el principio de anticipación en la teoría de la epistemología neuronal[4], y 2). Estar activada (+1); cuya

---
[4] Los postulados de la Teoría de La Epistemología Neuronal (T.E.N), son enunciados en el módulo 64, en éste capítulo. El fundamento y orígenes de la ecuación 19.1,

modalidad de regulación puede ser excitadora o inhibitoria otorgando la capacidad selectiva a las neuronas según la red en la que se estén desempeñando.

Sin embargo, en contextos neuro-epistemologicos y neuroontologicos, se puede vislumbrar la trascendencia que marca la existencia del *"yo"* y la creencia del *sí mismo*; factores tangenciales por los que el ser humano trata de autocomprenderse. En este crítico centro que comprende globalmente al ser pensante y sentiente, es necesario otorgar una cualidad operacional en la que P^{n+1}, tenga un desempeño más sistémico de acuerdo a su categoría conciencial (Zambrano, 2014 C; 2014 D).

Es por eso que, p^{n+1} es igual a la probabilidad relativa de la existencia de la conciencia, y el (n+1), es el elemento que concede al efecto de estudio de la conciencia, llámese perceptivo o asociado a sus diversos estadíos, ya sean amplificados neurodisléptica o fisiológicamente. En otras palabras n = a la particularidad estática del «Yo», y +1, la participación de la contingencia operativa desarrollada por el "ser", asumiéndose tal operatividad conciencial, como la cualidad inherente que define al *sí mismo*.

---

son parte del Apéndice Algo~rítmico que sustenta la TEN, Zambrano, 2012; Zambrano, 2014 D)

Interpretación de la Ecuación

Gramaticalmente, la ecuación que fundamenta la Teoría de la Epistemología Neuronal (TEN), aplicada al problema de la conciencia, se leería así:

> «La probabilidad operativa en la conciencia (P^{n+1}), es igual a la mediación contingente de diversos eventos intersinápticos en un tiempo determinado (t), cuyo patrón fractal coincidente ($\mathcal{Q}$) es regido por dinámicas aleatorias vectoriales (v) que traducen el grado de coherencia neuronal; lográndose tal armonía u orquestación con cierta relatividad teórica (r) infinita y constante, sí y solo sí, persista (E), la energía suficiente que mantiene con vida a los organismos.»

Con el anterior enunciado queda de manifiesto, la doble funcionalidad de la ecuación, sustentada también por la precisión científica basada en modelos de retropropagación computacionales ((Rumelhart & Zipzer, 1985, Hinton *et al*, 1986, Ballard, 1997; Van Hemmen & Sejnowsky, 2003), que en la abstracción, otorgan ciertas cualidades artificiales a la conciencia en la utopía robótica; pues como es descrito en su módulo correspondiente, ya ha acotado cualidades sensoriales con diversos dispositivos cibernéticos, como sensores de seguridad por el iris, receptores artificiales olfativos en modelos animales y módulos de reemplazo espinal entre otros.

La Sublimación del Intelecto y la Neuroepistemología

Partiendo del principio enunciado por Willard Van Orman Quine, que la epistemología puede ser naturalizable, sobretodo si se aplica al campo de la psicología comportamental (Quine, 1969); es posible que ésta categoría sea extrapolada a los subsistemas que la generan, siempre y cuando esta aproximación se realice procurando afanes científicos.

Uno de los vínculos teóricos de la epistemología neuronal aplicado a este modelo, radica en el concepto de las neuronas conexionistas, en el que se describe la latencia neuronal asociada a su electrofisiológico estado refractario, siendo determinante en este tipo de patrones de aprendizaje (Hebb, 1949), que finalmente lleva a pensar en redes neuronales y a la computarización de redes neurales (Fodor, 2000, Sejnowsky, 2003, Zambrano, 2012).

Como tiene una relación totalmente dependiente del principio físico planteado por el Nobel de Física 1932, Werner Heisenberg Wecklein; hemos de decir que la incertidumbre es urgente y ostenta un carácter obligatorio en la estructuración de la comunicación neuronal. Y en relación con la neuroepistemología, la conciencia no es estacionaria y evoluciona, por eso es fundamental en el establecimiento de las interacciones cognitivas y sus manifestaciones afectivas, «no siempre se es el mismo, tras una fracción de segundo de meditación consciente».

La incertidumbre es parte ineludible del epistema neuronal, y debe considerarse como el factor primigenio para plantear una hipótesis. Por el contrario, la certidumbre es la traducción de la parálisis del pensamiento, basada en manifiestos derivados de la conformidad.

De esta manera, la TEN, se apoya en las cualidades multidimensionales en que operan las neuronas, y basado en el conocimiento de sus características sinápticas predeterminadas genéticamente, aplica modelos de retropropagación y fundamentos termodinámicos para poder solventar de manera científica el problema del abordaje de la conciencia en un plano netamente epistemológico con un tratamiento matemático (*Cfr.* Box 19.2 y Apéndice algorítmico, Zambrano, 2014 D). La ecuación de la TEN, tiene variables espacio-temporales, probabilísticas y conexionistas, con las que se pueden entender las dinámicas de redes neuronales e incluso de liberación de neurotransmisores y aproximar fenómenos concienciales.

La Sublimación del Intelecto y la Neuroepistemología

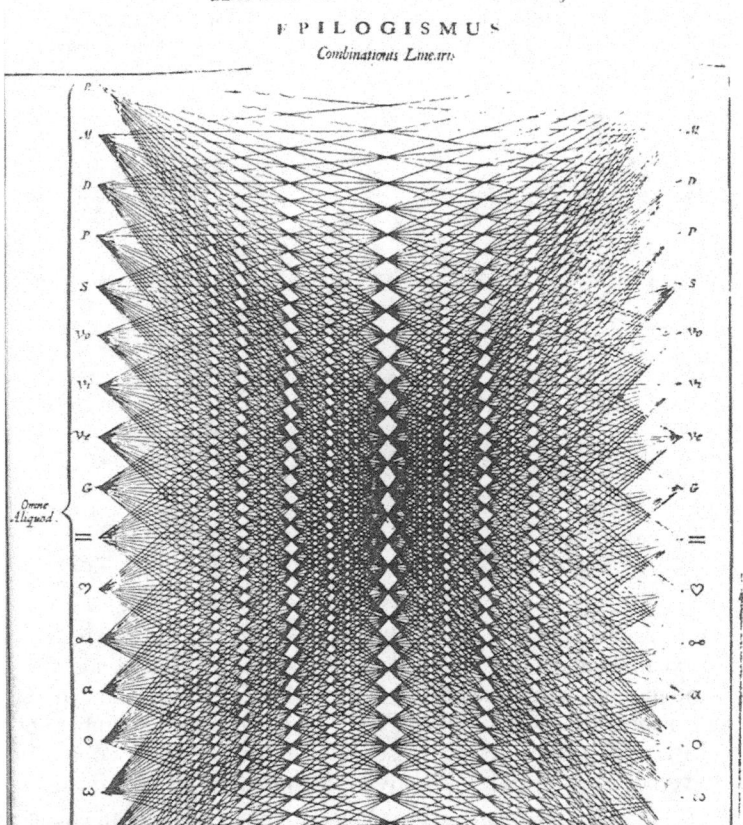

Fig. 19.3. Retropropagación y fortalecimiento sináptico en procesamientos neuro-cognitivos superiores. En A), un antecedente totalmente independiente del concepto actual de complejidad en redes neuronales, fue previsto en *"Epilogismus"*, ejemplificando las probabilidades de conexión coincidentes en un determinado sistema: *combinationis linearis* (Athanasius Kircher, 1672). Obsérvese que para cada uno de los puntos valuados lateralmente, opera una notación específica.

Jerarquía y Multiconectividad

Fig.19.3 B). Modelo jerárquico de una ideal distribución para el sistema nervioso. En este tipo de simetrías, las tres réplicas del nodo central genera nodos con capacidad de cuadruplicarse en forma ordenada y así fortalecerse progresivamente, siguiendo una analogía fractal (Barabasi & Oltvar, 2004).

B.

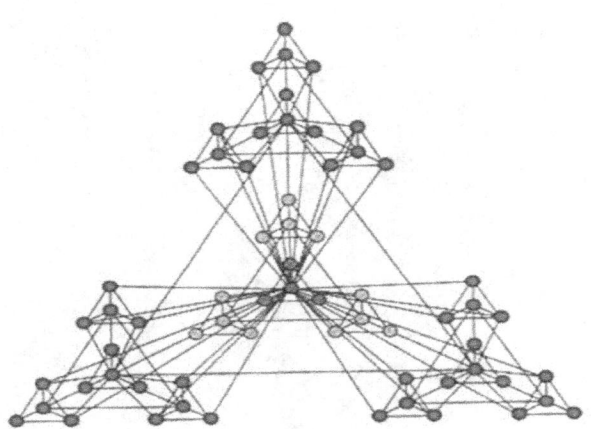

En la página siguiente; **Fig. 19.3 C**. El modelo *top-down* de control neural motivacional, adaptado a los procesos de integración del dolor como mecanismo conciencial. Los FPDc (A Y B), son expuestos en su concepto jerárquico-computacional sensorial: aplica el límbico-pontino (FLP) y el tálamo-cortical, asociados a experiencias de aprendizaje [Reverberación Sináptica Selectiva, **(RSS)** y robustecimiento contingente, **(rc)**] $^{\psi}$. En el *output*, encontramos resultantes de la contextualización, con patrones selectivos o reflejos, e inhibición intersináptica (líneas interrumpidas) apreciada en las respuestas de integración sensorio-motora (ISM), propias de las transformaciones subjetivas y objetivas de los procesos mentales circunscritos al dolor. N^c, Neuronas conexionistas N^e, Neuronas Expectantes, que bien podrían semejar un tipo de actividad emuladora similar a las que ostentan las neuronas en espejo (Ver Módulo 64). N^{Eq}, unidades ecualizadoras, uniformando su actividad para generar coherencia neuronal. S1, S2, procesamiento sensorial de vías nociceptivas que traducen el umbral de dolor y fibras Aδ características en el dolor visceral subjetivo (líneas continuas). S, sensorial, M, Motor. La coherencia neuronal a 40 Hz, que integra los FPDc (A.B y FLP), depende de la operatividad vectorial y del patrón fractal coincidente. A partir de Gallistel, 1980 y Gullapali, 1992.

La Sublimación del Intelecto y la Neuroepistemología

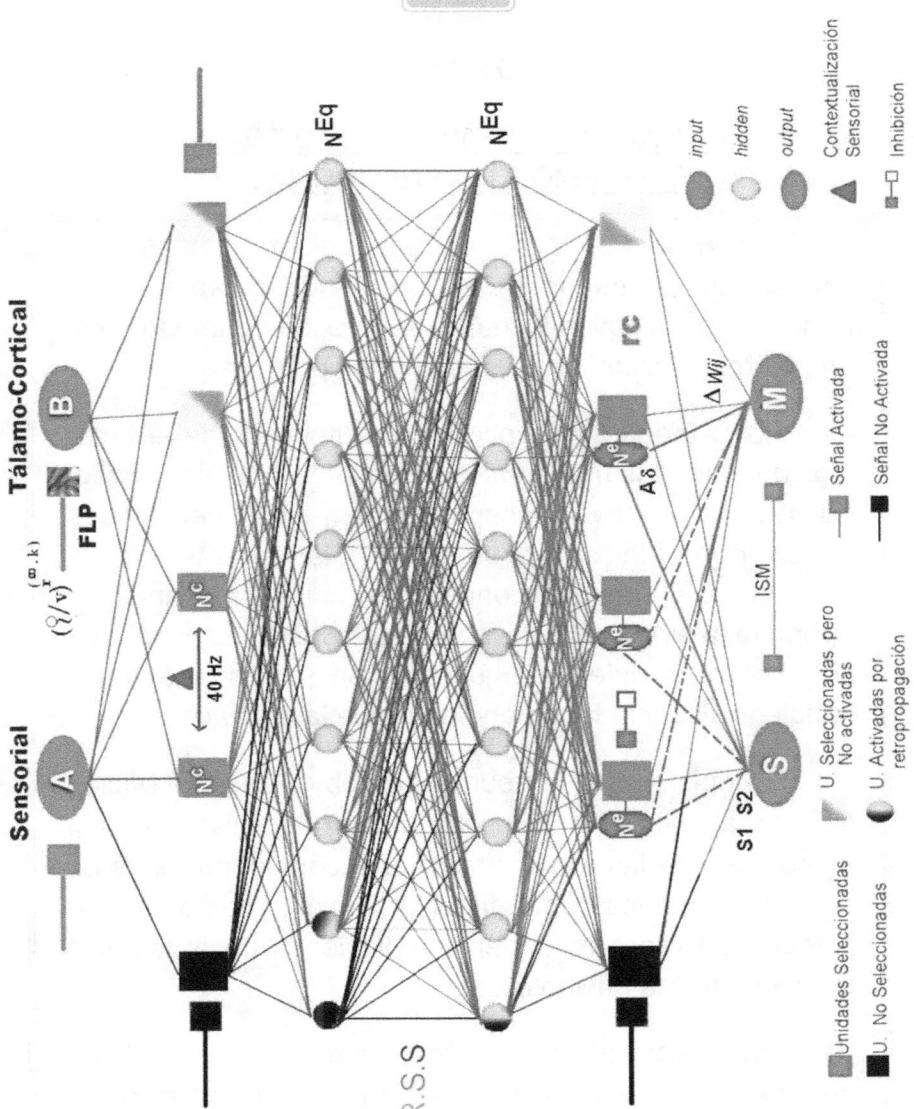

ᴪ **Reverberancia Sináptica Selectiva (RSS):** Estado de retroalimentación constante, que garantiza mecanismos de aprendizaje y fortalecimiento sináptico; otorgando en una modalidad selectiva, cualidades epistémicas a las neuronas.

Robustecimiento contingente (rc): Resultante del fortalecimiento sináptico tras la contingencia de una comunicación neuronal eficiente, traducido operacionalmente por la variación en el peso sináptico ΔW_{ij}.

BOX 19.1

FUNDAMENTO SEMIOLÓGICO DE LA EPISTEMOLÓGIA NEURONAL

La función neural y su correspondiente complejidad concerniente a tareas de alto comando cerebral, tiene principios cualitativos y cuantitativos espacio-temporales, en sus bases fisiológico-estructurales primarias.

Una teoría en su acepción tautológica debe tener lógicamente desarrollados su sentido y su significado. Es decir, *el «qué»* (concepto fundamental), *«el dónde»* (ubicación orgánica), *«el cuándo»* (relatividad temporal), *«el cómo»* (implicaciones de sus mecanismos operacionales) y *«el por qué»* de las cosas (sentido) con su correspondiente justificación (los eventos concienciales y la fenomenología que la subyace).

La epistemología neuronal en obvio de su acepción definitoria, sustenta el conocimiento celular de sus funciones y de las estructuras que la componen, tanto en sus desempeños operativos mínimos, como en el objetivo del desarrollo del cumplimiento de todas sus tareas en forma eficiente.

En términos cualitativos, también el *"qué"* es discutible. En ellos se encuentra la especificidad de la unidad de estudio. Es decir, si es el conjunto comprendido como la universalidad operante o si es la particularidad; *"qué"* cualitativamente también genera un concepto operacional. Todo ente particular tiende a la conjunción para formar un complejo funcional, como *esencia* de un sistema.

La Sublimación del Intelecto y la Neuroepistemología

Una neurona por tanto tiene un *"qué"* estructural radicado en su conformación y predeterminación proteica.

El categorema cuantitativo, en especial de ésta teoría, es muy rico en su conformación. Pues en cada una de sus actividades hay magnitudes que la sustentan. Así por ejemplo, la unidad neuronal tiende a agruparse en columnas para procesar información de alto orden y estos a su vez forman módulos especializados, hasta conformar redes y sistemas mayores que pueden llegar a exponenciales superiores a las once cifras. De manera inversa, en la cualidad comunicativa de neurona a neurona, como la que se realiza sinápticamente la posibilidad de interacción es inmensa, y a nivel de intercambio químico el conteo de actividad neurotransmisora es tan grande que no es fácil concebirlo dentro del clasicismo numérico y se comprende en paquetes cuánticos.

El considerando espacio-temporal hipotético, es básico para la comprensión del funcionamiento lógico del teorema.

El espacio, no solo es el "dónde" primigenio, sino también contiene sus conceptos de comunicación en un patrón fractal coincidente ($\wp$) determinado en las contingencias de una relativa direccionalidad vectorial que se mantiene infinita y constante, $\wp'v)^{r\,(\infty\,.\,k\,)}$. Mientras que la unidad temporal radica en la constante de tiempo, que es imprescindible para evaluar la relatividad de un fenómeno conciente. De forma práctica se describen mecanismos mínimos de transducción proteica intracelular que pueden evaluarse en el orden del femtosegundo; hasta la elaboración de complejas tareas perceptivas, implicando módulos neuronales completos, cuya integración es resuelta en milisegundos.

Habiendo considerado la elementalidad de los interrogantes inmanentes a la lógica filosófica, se puede inferir un esquema de funcionamiento. En esta fase analítica el considerando primordial se sujeta a las categoría de la causalidad de las variables ya contempladas. En este aspecto, un tipo de causalidad primaria se limita al conocimiento del *"desde"* y el *"hasta"* de las cosas, es decir el alcance máximo del fenómeno. Es por ello que la causalidad es un elemento ineludible de la conciencia, que puede considerarse *desde* la percepción primitiva *hasta* el procesamiento inherente a facultades sublimes del intelecto, como la toma de decisiones, el libre arbitrio, o lo que es lo mismo, el juicio, la volición o la intencionalidad del pensamiento. Así como también en términos de funcionamiento neuronal, la célula conoce *per sé; desde* sus tareas, *hasta* la objetivación de sus propias limitaciones molecularmente predeterminadas.

La finalidad o intencionalidad neuronal es parte de la conjunción causal. En otras palabras, la neurona debe conocer porqué prefiere una comunicación axo-somática o axo-dendrítica y las ventajas o desventajas que esto le proporcione a su unidad particular o al grupo a donde pertenece, ya que el sentido de pertenencia es fundamental para la función colectiva del sistema. En confines más reduccionistas, la molécula también realiza quehaceres en busca de consolidar su "personalidad" como la degradación y el reciclaje selectivo que se

La Sublimación del Intelecto y la Neuroepistemología

genera en diversos mecanismos como el de la síntesis de proteínas, o como el plegamiento de proteínas dispuestos a conformar estructuras superiores. Los comandos nucleares que programan genéticamente la función neuronal, tienen la obligatoriedad de emitir constantemente sus objetivos a las cascadas moleculares que finalizan con la acción específica celular.

Las categorías cualitativas mayores obedecen primordialmente a sus funciones particulares (Ver Box 19.2)*, por ejemplo la capacidad selectiva, que puede ser eventualmente predeterminada, al igual que otras especificidades. La actividad neuronal es el modelo de selectividad mas preciso, efectivo y completo de la naturaleza. En este apartado, debemos imaginar de manera didáctica, la constante interrogante del: cual neurona o red debo escoger y porqué; cual me conviene en éste instante o si debo o no, establecer conexión. Una categoría subcualitativa es, la universalidad de los caracteres morfológicos que la distinguen de las demás células y no entre sí. Es decir, una neurona es diferente de las demás células, esto se debe morfológicamente a sus prolongaciones dendríticas o axonales; mientras que su desempeño fisiológico entrará en el orden de las cualidades generales que la identifican.

* Postulados de la Teoría de la Epistemología Neuronal (T.E.N).

MÓDULO 62

CONSIDERACIONES FILOSÓFICAS

62.1 PRECISANDO AL EPISTEMA

Para adentrarnos en los conceptos que definen la teoría de la epistemología Neuronal, es menester de la obligatoriedad, comprender la función de su contenido semántico.

En sus disquisiciones sobre las palabras y las cosas, el francés Michel Foucault, denomina «Epistema», al territorio epistemológico como mera noción estructural que delimita el campo del conocimiento. El epistema no es una creación humana y sí es un concepto regidor en el que el hombre actúa de acuerdo a unas reglas predeterminadas. El epistema no tiene continuidad, pero si tiene una suerte de progreso histórico (Foucault, 1966). Existe también un epistema clásico que aparece en la cultura occidental hacia el siglo XVII que es más gramatical, mientras que el epistema de la contemporaneidad de Foucault es enfocado a las ciencias humanas, encasillando al hombre como tejedor de su propia naturaleza histórica en la que el epistema es fundamental e intransigente.

Bajo estas calidades, el epistema se adecúa a sus aplicaciones. La epistemología o gnoseología es la ciencia del conocimiento, pero se ha visto implicada en disciplinas evolucionistas bajo la sombra categórica de Kant y a la luz biológica de Darwin, dejando un legado más bien empírico que involucra al conocimiento de las especies. Tal epistemología evolutiva, puede resultar controvertida en el momento que muta y se transforma en sus conceptos fundamentales, sobretodo en lo que compete con la preservación de las razas y en la lucha por la vida en su fase de selección natural (Darwin, 1859). Con paralela óptica bio-filosófica un siglo después, Jean Piaget, introduce una serie de trabajos relacionados con la epistemología genética, que involucran el desarrollo educativo y los mecanismos que deben ser desarrollados para incrementar un conocimiento (Piaget, 1950). Este esfuerzo, se consolidó en esa misma década en el Centro Internacional de Epistemología Genética de la Universidad de Ginebra en donde la interdisciplinariedad de filósofos, expertos en cibernética, físicos, psicólogos, etc; redactaron los fundamentos de esta disciplina en un acervo que supera los 30 volúmenes.

La Unidad Epistémica

El epistema, como unidad fundamental de la generación del conocimiento, debe seguir un orden (Foucault, 1966). La ciencia general del orden tiene dos composiciones: una naturaleza simple *(Mathesis)*, relacionada con los procesamientos ligados a la matemática y al álgebra; y otra, con representaciones complejas (*Taxinomia*), similar a la semiótica de Umberto Eco, que analiza el trasfondo de los signos (*Cfr.* Cap. 16). La *taxinomia* para M. Foucault, consiste en la imaginación que se necesita para entender los orígenes del conocimiento, e implica un *continuum* de las cosas (la plenitud del ser, basada en la no-discontinuidad) que permite el análisis del conocimiento.

En el otro extremo del epistema clásico se encuentra la *mathesis,* como la ciencia de todo orden calculable, y una *"genesis"* que analiza la constitución del orden a partir de la experiencia. Entre la *mathesis* y la *genesis*, se comprende la región de los signos meramente empíricos (Foucault, 1966). Por lo tanto, con estas tres nociones epistémicas se pueden considerar las siguientes precisiones:

Michel Foucault, 1926-1984.
El epistema tiene una suerte de progreso histórico y debe seguir un orden. La *genesis* es experiencial.

Al ser cualitativa y secuencial *(mathesis),* busca la verdad de las cosas en la causalidad. Cuando las diferencia y clasifica, se asume como *taxinomia;* permitiendo así, la transformación del conocimiento.

La Sublimación del Intelecto y la Neuroepistemología

1. La *taxinomia* no se opone a la *mathesis,* pues ambas son ciencias del orden.

2. Una es la ciencia de las igualdades, los juicios y la verdad de las cosas *(mathesis),* y la otra se centra en las diferencias, conoce obviamente las clases y por ende clasifica al ser y a sus componentes *(taxinomia).*

De esta manera la *taxinomia* establece las diferencias visibles y la *genesis* es secuencial, porque es parte de una *mathesis* cualitativa o de procedimientos.

En el caso de este libro, y en lo que concierne a la categoría epistémica neuronal, se enuncian, discuten y sustentan los axiomas necesarios para plantear los elementos teóricos que la componen. De allí que los contenidos y apartados que siguen a estos renglones, involucran los mecanismos internos que condicionan el conocimiento funcional para cierta idea de conciencia y personalidad celular, predeterminada genéticamente por el orden molecular y por la síntesis de sus proteínas intrínsecas. De acuerdo con la definición y siguiendo los elementos de Foucault; la epistemología neuronal clasifica y se suscribe a la generación del intelecto en su sublimidad conciencial (*taxinomia*); mientras que el epistema proteico (*genesis o mathesis* cualitativa), es la unidad *«causal»* en la epistemología neuronal, generando radical y secuencialmente la historia de la humanidad.

62.2 LÓGICA Y EPISTEMOLOGÍA MODERNA

Pese a que el enunciado de la teoría tiene un componente matemático, su justificante epistemológico puede explicarse desde la perspectiva de la lógica contemporánea.

Ludwig Wittgenstein, 1889-1951.
La lógica y la matemática son *Tautologías.*

Trabajó sobre los juicios y el *sinsentido* de las cosas; en la subjetividad del color y su *"concordancia figurativa".* Sus disquisiciones epistemológicas, criticando los supuestos rusellianos, son memorables.

El concepto de lógica matemática y su aplicación al raciocinio y la filosofía han sido discutidas desde los griegos. En un enfoque más moderno podríamos decir que "los principios de la matemática, Capítulos III y IV" y los apéndices sobre la denotación propuestos por Russell y Whitehead hacia 1913, así como los previos pensamientos de Gottlob Frege sobre sentido *(sinn)* y significado *(bedeutung)*, influyeron de alguna manera para que Wittgenstein también se refiriera a la proposición aritmética como prolegómeno para tratar de comprender la problemática epistemológica racional, sobretodo en el patrón confluente de la aserción, y realizara sendas críticas al concepto unificador del juicio, que sus contemporáneos abandonaron tras los sustentos del vienés (la lógica y la matemática son tautologías) y que son evidenciados en la inconsistencia de las teorías del conocimiento rusellianas (Wittgenstein, 1914). Sin embargo a Bertrand Russell, se le debe la discusión por lo menos, de la inferencia lógica atomicista de la *«acquaintance»* como la forma indivisible y fundamental propositiva, que lleva a ambos a ser considerados los visionarios filosóficos de los sucesos nucleares advertidos en el siglo pasado (Pears, 1977; Hochberg, 1996).

Partiendo del concepto fundamental ya enunciado que la lógica y la matemática, pueden ser consideradas como tautologías, siempre y cuando hayan sido cabalmente desarrolladas, tanto en su sentido, como en su significado, el paso siguiente a inferir es la función de la teoría, dentro de los elementos perceptivos asociados a la conciencia, en términos de una función intelectual superior.

En 1929, Henri Bergson formula sus tesis sobre la intuición como parte del desarrollo del intelecto y su interacción con la conducta instintiva. Dentro de sus planteamientos filosóficos, el intuicionismo se perfila como un modelo interesante de psicodinámica conciencial, basado en teorías pragmáticas que ya había previsto con un enfoque más psicológico William

James, describiéndola como una metáfora que fluye continuamente.

De alguna manera los fisicalistas que conformaban el gran círculo de Viena, hacia el primer tercio del siglo XX, Otto Neurath y Rudolph Carnap; entendían estas vicisitudes de la conciencia como un componente pericorporal que debía ser estudiado de forma estructural representado en su elemento constitutivo *(eigenpsychische)*.

62.3 EL FLUIR DEL PENSAMIENTO EMOCIONAL

Henri Bergson, 1859-1941. La conciencia es dinámica porque las percepciones nunca serán iguales en tiempo y espacio.

En cambio para H. Bergson, la conciencia nunca es estática, siempre está en movimiento, no se es el mismo nunca porque el conocimiento experiencial incrementa tal dinamismo, guiando la inteligencia hacia un acople inmediato con el instinto, el cual surte las respuestas a los fenómenos que interactúan entre el hombre y la naturaleza, que a la postre traduce la evolución de un espacio físico (Bergson, 1929). La doctrina de las emociones en sus obras, conforman un planteamiento interesante tocado por pocos filósofos durante el siglo pasado, cuyo centro es la operatividad de los sentimientos.

La Sublimación del Intelecto y la Neuroepistemología

En su ensayo previo sobre los datos inmediatos de la conciencia y las emociones fundamentales, el pensador galo, describe la importancia del espacio homogéneo en la psicodinámica conciencial, pues en sus planteamientos el hombre para percibir, debe ocupar un sitio como ente material y así reconocer su entorno y discriminar el enfoque de los objetos y las sensaciones que se presentan. El espacio, es el único punto de partida que sustenta el dinamismo de la conciencia, ya que el individuo puede permanecer estático pero las percepciones nunca son iguales en el mismo espacio (Bergson, 1912).

La optimización funcional de la neurona respecto al sentido de pertenencia en una red, es una de las perspectivas epistemológica que merece la pena ser considerada filosóficamente. Dentro de los aspectos fundamentales que rigen las teorías conexionistas, en el libro *Nuevos Conceptos en el Procesamiento Neuronal*, se describe la forma como las neuronas, «relajan la disciplina dentro de sus filas militares», para ecualizar las actividades de una red. Esto es, que se adaptan a la mayoría de neuronas con el fin de armonizar la sincronización neuronal. El postulado de la ecualización neuronal es fundamental para la operatividad de la epistemología neuronal (Zambrano, 2014 d).

Ambigüedades en la Sensopercepción

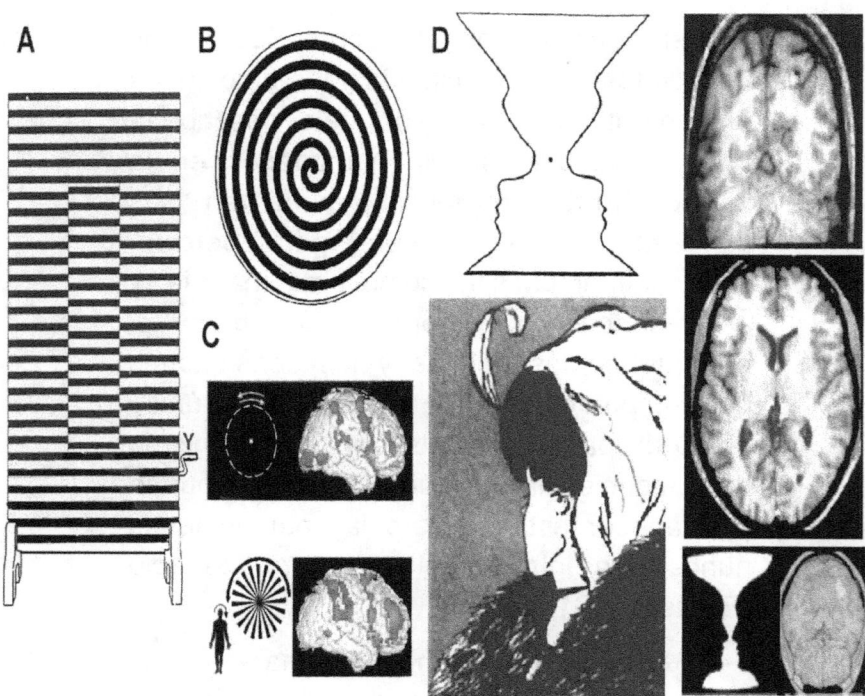

Fig 19.4. Ambigüedades perceptivas frente a figuras ilusorias o que sugieren movimiento. En A), Un modelo de William James, donde una serie de líneas horizontales tiene un espacio central en el que otros trazos de diferente grosor, aparentemente pueden moverse en sentido contrario por una acción motora inducida (Y). En B), una espiral Arquimediana, también es muy utilizada, para discernir la posición del cerebro ante situaciones engañosas (James, 1890). La percepción visual puede tener espontáneos cambios respecto a un previo juicio sobre determinada imagen. Este criterio *a priori* puede cambiar de milisegundos a segundos y tener varias acepciones acordes a experiencias previas y dar entrada a uno o varios *inputs* sensoriales casi simultáneamente; lo que puede entenderse como "activaciones cerebrales relacionadas a eventos", atribuidas a procesos cerebrales involucrados en la síntesis perceptual. En C), actividad cerebral en Corteza PreFrontal (CPF), área premotora y corteza visual (MT o área cinética occipital, especializada en dirección y movimiento), tras imaginar un círculo en aparente movimiento. En la figura inferior (humano-círculo), inducción de acción bidireccional con mayor consumo metabólico premotor, de CPF, AB 37 e interesante actividad en porción anterior de corteza de asociación parieto-

La Sublimación del Intelecto y la Neuroepistemología

occipital en hemisferio derecho, traduciendo percepciones subjetivas relacionadas con el movimiento de los objetos. (Modificado de Toga & Mazziotta, 2002). En D), En la parte superior izquierda, la figura clásica ilusoria *copa-perfiles* diseñada por el psicólogo danés E. Rubin en 1915 (Cit. en Hebb, 1958) y la genial «Mi delicada esposa y la horrenda dama» de R.W Leeper y G.E. Boring, 1930. Ambas figuras tienen sus orígenes en el arte popular (Siglos XVIII y XIX, respectivamente). A la derecha, estudios de neuroimagen en el procesamiento perceptivo de estas ilusiones. Corte coronal (arriba), mostrando la activación en giro fusiforme, como la estructura asociada con la categorización de los objetos. En el medio, un corte transversal, evidenciando la deactivación observada durante el cambio perceptivo, procesado a nivel del pulvinar talámico y en corteza cingulada, asociada con el procesamiento emocional. Abajo, el discernimiento del modelo ambiguo de Rubin, también exhibe actividad inferofrontal bilateral con predominio derecho (Modificado de Kleinschimidt, 1998).

Desde el punto de vista del procesamiento de figuras, hasta emitir un concepto sobre lo que se ve — incluso en movimiento — (ver Fig. 19.4), el cerebro incluye la sincronización de redes en milisegundos (250-600) que van desde el procesamiento retino-talámico hasta cortex visual (20-40 ms) y redes parieto-occipitales intercorticales con CPF (Zambrano, 2012). En un enfoque más funcional, podemos nombrar a las células del cortex parietal posterior, que dentro del orden del procesamiento distribuido, realizan tareas estereognósicas al especializarse en el reconocimiento y la orientación y manipulación de los objetos que se encuentran en el espacio extrapersonal (Zambrano, 2014 G). De esta forma, la T.E.N, se presenta con una atractiva argumentación filosófica equivalente a las teorías de identidad[5], compartiendo además, los principios de *taxinomia* y *genesis* cualitativa, expuestos por Foucault, donde se distingue el concepto, pero también se procesa la información y la concreción de las redes.

62.4 INTELIGIBILIA Y OTROS MUNDOS CONCIENCIALES

¿Cuál es el fundamento para abordar el problema de la causalidad, cuando en la conciencia pueden existir varios mundos? John Searle y Karl Popper tienen un punto de correlación en el reduccionismo. Mientras que para el filósofo de Berkeley, tal reduccionismo es parte de la concreción causal; para Popper, las tesis de Searle, corresponden al mundo 3, es decir, a la teorización fundamentada en el mundo 1, la parte física del universo, para resolver los problemas del ser. La aproximación reduccionista de estos pensadores para confrontar a la causalidad, aborda *"a fortiori"* el dualismo propio del Mundo 2, que incluye los axiomas de la subliminalidad (existentes

---

[5] F.S.I.T (Por sus siglas en inglés, *Functional State Identity Theory* en Block & Fodor, 1972); considera la equivalencia de identidad funcional con un plausible estadío del *"autómata probabilístico"* como una tabla maquinal tipo "Turing" ejerciendo instrucciones binarias (p≤1) (Putnam, 1967). La vigencia de este tipo de teorías de identidad aplicables al problema mente-cerebro, se sustenta igualmente en la perspectiva analítica no dualista recientemente planteada por W.T. Rockwell, 2005.

La Sublimación del Intelecto y la Neuroepistemología

en el conjunto de la tranformaciones mentales a partir de funciones cerebrales) y los problemas de la primera y la tercera persona que preocupan, con toda razón, a David Chalmers. Finalmente todo parece coincidir en la tesis popperiana de que la ciencia en el fondo, es una conjetura y como tal; se presta a la comprobación de su falsedad, o lo que en términos positivos, invita a la reflexión sobre la veracidad del método científico (Popper, 1965).

En el caso de una óptima *inteligibilia* operativa Popperiana, sus tesis podrían asimilarse a la propuesta de Dan Lloyd, con fundamentos Husserlianos respecto de la intencionalidad, la superposición sensorial y la temporalidad. Dan Lloyd, del Programa de Neurociencias y Filosofía del Trinity College en Hartford; fundamenta las tesis de la fenomenología predictiva de Edmund Husserl en sus pruebas realizadas con Imagen de Resonancia Magnética. Así la intencionalidad es relacionada con el objeto que debe ser percibido por un tipo de conciencia operativa distante del "yo", siendo el sujeto, ese polo de intencionalidad (Lloyd, 2002).

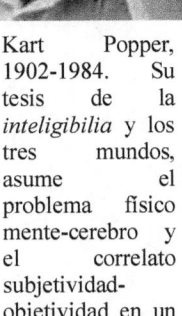

Kart Popper, 1902-1984. Su tesis de la *inteligibilia* y los tres mundos, asume el problema físico mente-cerebro y el correlato subjetividad-objetividad en un contexto social.

En segundo lugar, es un poco más integral que las teorías de la no contextualización sensorial medida por magnetoencefalógrafo durante el sueño MOR y las polisensoriales del *binding problem,* al discernir que ambas propiedades pueden ser superpuestas. Y su tercer postulado, el de la temporalidad, tiene una semejanza con la coherencia y sincronización del acoplamiento neuronal colectivo, inmerso en un fenómeno que el describe como la estructura tripartita de la temporalidad, como si el evento de transformación de un período consciente se cumpliera dentro de la conjugación de los verbos en los tres períodos fundamentales, un pasado, un presente y un futuro de los acontecimientos procesados.

62.5 HUSSERL

Con sus «Ideas Relativas a una Fenomenología Pura y una Fenomenología Filosófica», Edmund Husserl se adelanta a los conceptos iniciales de una vertiente de la filosofía aplicada, la reducción fenomenológica o *epoch*[6]; en la que se

---

[6] Epoch: Literal: suspensión, suspensión del juicio. Acotada primeramente por Pirrón y otros escépticos presocráticos como Enesidemo y Sexto el empírico. Según éste último, la aprehensión del epoch conduce a la ataraxia o imperturbablidad, respetando un espacio para que "algo sea cierto"; mientras que Pirrón, el padre del escepticismo filosófico le llama acatalepsia, o imposibilidad para discriminar la realidad del objeto. Otros pensadores de la llamada nueva academia de ese período, como Arcesilao y Carnéades diferenciaban tal suspensión del juicio como una tarea teórica (radical) y práctica que era proclive a la *metripatía* o actitud moderada hacia los juicios morales (Couisson, 1929)

describe la *esencia* del juicio como parte ineludible del planteamiento de una tesis, y donde se cuida de la inquebrantable y evidente convicción respecto a la verdad, sugiriendo que un juicio, en su reducción más lógica, debe colocarse «entre paréntesis». En otras palabras, lo que está entre paréntesis *(Ausschaltung, Einklammerung)*, es la esfera del objeto y parte de una subjetividad, mientras que lo que está fuera de él, es ajustable a la categoría del acto, y de hecho la conciencia (Husserl, 1913).

De ésta forma, todo lo que está "a nuestros ojos" es parte del *«mundo natural entero»* y forma parte de la conciencia y del **«epoch»** fenomenológico, el cual contiene un epistema intrínseco que *"oblitera todo juicio sobre existencias en el espacio y el tiempo"*.

Edmund Husserl, 1859-1938. Visionario de la fenomenología filosófica, formaliza el concepto de *doxia* como creencia primigenia.

«El *epoch*, es el remanente fenomenológico de naturaleza eidética, que conduce al conocimiento *esencial* de la *esencia*».

La epoch, por tanto es una suerte de residuo fenomenológico dentro de la categoría de la conciencia pura o trascendental, que tiene una naturaleza eidética (ειδοσ, *esencia*). Es en estos menesteres donde en términos filosóficos, emerge el concepto de la "desconexión del yo" como actualmente puede ser interpretada la misma problemática entre la primera y la tercera persona. Es más, la desconexión que se acerca a la reducción trascendental, interrumpe toda actividad *cogitativa*. Su resultante – como residuo al desconectar el mundo y la subjetividad –, el yo puro (y el yo diverso según sea la vivencia) nos presenta una trascendencia *sui generis* no constituida, es decir; una *trascendencia en la inmanencia*.

> « Pero ¿qué pasa con el *Yo puro*? ¿Es que por obra de la reducción fenomenológica ha quedado el yo fenomenológico con que nos encontramos, reducido en una *nada trascendental?*
>
> (*§ 57,* Husserl, 1913) »

Es este residuo fenomenológico el que nos conduce al *concretum eidético*, la *esencia* de las *esencia*s, o lo que es lo mismo, lo que es inmanente al "entre paréntesis", el mundo entero con sus individuos psíquicos y sus vivencias psíquicas: todo ello como correlato de la conciencia absoluta (§ 75, Husserl, 1913)[7], que como válida reducción puede ser estudiado dentro del marco de la intuición pura. La intencionalidad de las vivencias es en parte, tener "conciencia de

---

[7] En su tercera sección, Husserl es más solemne con el método científico y sugiere los preliminares para abordar la fenomenología pura, presentando las *estructuras universales de la conciencia pura*, o sea, las bases noéticas que fundamentan un análisis descriptivo ulterior, basado en la *nóesis y el noema*.

algo" que traduce, como procesar igualmente la vivencia de una percepción, hay en ella una lógica estructurada –el análisis de los *ingredientes* en forma noética - que garantiza su aprehensión. La nóesis, se convierte en la lógica del concepto y el noema es su estructura fundamental[8]. Por lo tanto, como formaliza este pensador teutón, toda vivencia intencional es noética, gracias a los elementos que la conforman, y es allí como establecería Wittgensetin, donde se adquiere el sentido y se procesa el sin sentido de las cosas y donde Henri Bergson edifica sus tesis sobre percepción.

Un elemento noético es el enfoque atencional (descrito como dirigir la mirada del *Yo puro* al objeto determinado, en virtud de que es, ése objeto quien da sentido a la acción), y en él se encuentran operaciones análogas como referir, conjuntar, conjeturar, evaluar etc. En términos de funciones cerebrales superiores, el juicio y la evaluación son actividades tan noéticas como la atención. Todo finalmente, conduce al *correlato noemático*, es decir el sentido de la estructura lógica mínimamente percibida, el sentido finito de las cosas, lo inmanente a la *esencia*. En otras palabras, *"lo percibido*

---

[8] Todo lo *hyletico* pertenece a la vivencia concreta como *ingrediente*, en cambio lo que en ello, como múltiple, se exhibe o se "matiza", pertenece al noema. (*§97* E. Husserl, 1913)

de la percepción, lo recordado del recuerdo y lo juzgado del juicio". En este caso la epistemología neuronal es un elemento noético que se utiliza como recurso del sentido de una indagación metodológica, al analizar la generación del intelecto, mientras que su contenido noemático es la *esencia* de su composición que descansa a su vez, en la *esencia* de las neurona y su funcionalidad intrínseca, la maquinaria ejecutora de un preciso plegamiento proteico.

El sentido noemático y la distinción de objetos inmanentes dormita en la percepción y en toda vivencia intencional o vivencia noética con sentido lógico. La intencionalidad noética obedece en síntesis a la subjetividad perceptiva. Si percibimos olores, colores y sonidos, cada uno de ellos podría tener una cualidad noemática en el epistema de cada neurona sensorial, lo que se aproxima a una versión interesante desde una perspectiva neurofilosófica para abordar la fenomenología de los *qualias*. ¿Cual es el sustrato proteico que ordena a una neurona convertirse en sensorial? El epístema mínimo que determina la función tiene su carácter molecular y debe ser esclarecido en términos de su operatividad, ya que éste, es la traducción del pensamiento.

Sin embargo la intencionalidad, aún y en el campo de la heterofenomenología sabiamente defendida por Daniel Dennett

La Sublimación del Intelecto y la Neuroepistemología

(Dennett, 1991, 2000, Zambrano 2012), enunciada con relación a la conciencia desde la visión ética de los clásicos griegos y analizada filosóficamente hace un siglo por Husserl, puede otorgar diversos sentidos, como el fantástico, el mnésico o el de la simple percepción, concediendo una categorización más amplia al problema. Por lo tanto; noema, en el momento del análisis de un objeto, entra en disyuntivas cercanas a la esfera superior de la conciencia, pues ya no es una vivencia concreta sino un conjunto de *nóesis* que determinan el juicio y la atención y que son parte de la fenomenología subyacente a lo mínimo, pudiendo esperarse respecto al desempeño de las funciones cerebrales superiores: «la capacidad lógica del raciocinio y la concreción de las ideas», con base en lo percibido y lo juzgado, como sustrato de tal *noema*.

Una interesante distinción planteada a éste respecto, es la aproximación noética a los sentimientos y la volición. De manera análoga este contemporáneo de William James, considera para tal efecto, el valor del objeto. En ese caso, el cerebro, o en su defecto un solo hemisferio cerebral (H.I), en su calidad de conciliador e *"interpretador"* integral del sistema, categoriza y evalúa la tarea, toma la decisión y a su criterio, actúa como un conjunto conciencial (*Vide supra*, Modelo de *Split-Brain,* cerebro post-comisurotomía).

62.6 POSTURAS CONTEMPORÁNEAS

La voluntad en términos analíticos, obedecería de manera mecánica a la intencionalidad de las neuronas motoras y así, el problema parecería resolverse en tal punto. Sin embargo, el término volitivo indica bajo acepciones filosóficas, la necesidad inmanente de procesar criterios y en ello, puede existir gran participación premotora como fenómeno subyacente a la conciencia. Esto tendría relación con la ampliación de la esfera superior conciencial previamente mencionada, tanto en sus aspectos ficticios sucedáneos a la imaginación, como a los enraizados en la memoria y en la fantasía, como parte de las ensoñaciones, los pensamientos, las ideaciones fijas y proyecciones personales a futuro, independientes o no de las actividades dóxicas.

Retomando los planteamientos fundamentales antes enunciados de David Chalmers y John Searle, nos encontramos nuevamente en la coyuntura conciencial que aborda los límites de la objetividad y la subjetividad. En este caso, si Chalmers opina que todo lo consciente debe ser experiencial, el apartado de los estados alterados de la conciencia, permite plantear al menos la siguiente contrapropuesta:

Todo lo consciente es basado en la experiencia, pero no todas las experiencias son conscientes, pues hay experiencias inconscientes, (que en la óptica del escepticismo filosófico, se tornan conscientes) en los dos sentidos fundamentales:

- Una conciencia estática, en su estructura de ritmo sueño-vigilia incluso la fase MOR, y por supuesto, del alerta como parte de una conciencia premotora en la medida de la respuesta a los estímulos y a los principios predictivos de la teoría de la mente.

- Los estados amplificados de la conciencia (EAC) que pueden otorgar almacenamiento de memoria y actividades perceptivas no experimentadas desde el punto de vista de la conciencia clásica y sí, desde las alucinaciones.

En este caso, los filósofos actuales parecen tener la idea de la respuesta amparados en la intencionalidad (mediada por las fantasías y la doxología de preeminencia Husserliana) y en medio de una aparente recolección y decantación de lo útil y lo superfluo, evitan casarse con terminologías dualistas, monistas y hasta materialistas; refiriéndolas como obsoletas tratando de encontrar una solución idónea respecto a la causalidad (Searle, 2000, Zambrano, 2012).

El manejo del ser (en sus diferentes ámbitos operativos y concienciales) y su relación con la filosofía de la mente, parece ser una preocupación constante para el devenir de los problemas que emergen de forma similar con la necesidad de considerar como objetivo científico a la conciencia (Searle, 2004, Dennett, 2005). Por tanto, frente a esta contingencia paradigmática, es claro que para selectos filósofos, los formulismos de la conciencia posean una perspectiva que se acerca a posiciones por ende, semejantes a las de Wittgenstein, donde el ya mencionado *sinsentido* puede tornarse relevante y todo podría coincidir en las tautologías relativas a las percepciones del color (léase *qualia*) en una esfera por demás, ontológica (Putnam, 1994, Metzinger, 2003).

La posición de la heterofenomenología por su parte, obliga al concurso operativo de la tercera persona y a discutir bajo argumentos cerebrales la posibilidad de considerar a la "intencionalidad" científicamente (Dennett, 2005). En tal contexto, puede ser utilizada perspicazmente para analizar con circunspección la postura de Crick y Koch, de ciertos eventos neuromotores de índole semipredictiva similares a los PMAF, que bien podrían explicar el sistema de locomoción en el modelo *zombi* en los correlatos de la conciencia (Crick & Koch, 2003).

La aplicación enfrentaría fascinantes hitos de la neurobiología comparativa, donde los moluscos como *aplysia californica* y animales menos evolucionados tendrían que justificar sus reacciones al medio ambiente como simples hábitos condicionados que sustentan las actuales teorías moleculares del aprendizaje y la memoria (Zambrano, 2014, H), basados en sus reacciones motoras. De esta manera, la concepción hipotética del modelo *zombi* se vería inmersa en discusiones aún más filosóficas, pues ya no sería un ente con objetivos locomotores primarios sino que, además, incluiría las probabilidades de dispositivos de recuperación sujetos a eventos previamente experienciales; lo que pone en aprietos a la operatividad del *sí mismo* y a sus capacidades de decisión.

Esto nos lleva a replantear nuevos obstáculos filosóficos relativamente ligados al análisis epistemológico de la conciencia. El "problema *tenaz*" que trata de resolver constantemente David Chalmers en cuanto a la tercera persona y sus mecanismos de conciencia (Chalmers, 1996), es revisado por Daniel Dennett, diseñando un modelo filosófico que semeja un clásico y ornamentado truco de cartas. Los argumentos planteados por Frank Jackson en el siglo pasado[9], pueden ser actualmente rebautizados con la renovada imagen *plus-ergonómica* de "Robomary"; y los *qualia*, podrían ser "desnudados" en su naturaleza intrínseca y concebirse cuantitativamente, incluso con un valor monetario (Dennett, 2005).

En el plano de la intencionalidad, el *sí mismo*, es el centro de la predicción. El *sí mismo*, traduciendo la operatividad del ser, se proyecta hacia el objeto y el *ego* es inmanente a las cualidades estáticas que se proyectan sobre ése ser. En términos lacanianos, el ego y el *sí mismo*, tienen un tipo de relación objetal proyectiva (*Cfr.* Módulo 52, ver índice general). Tanto E. Husserl como la acepción naturalista Searliana, establecen distinciones entre la atención central y la periférica como parte del fenómeno conciencial. Además, toda experiencia previa puede ser placentera o

---

[9] Jackson F (1986). What Mary Didn't Know. J. Philos. 83:291-95. Se refiere al confinamiento del color (blanco y negro) al que es sometida María en un espacio aislado. Establece lineamientos controversiales cuestionando al fisicalismo.

no, y en el campo de la percepción al más purista estilo de H. Bergson, tiene una estructura Gestáltica comprensible científicamente desde la perspectiva psicofísica.

De esta manera la psicofísica y la psicología perceptual son inherentes a la primera persona, para quien es imperativamente categórico saber distinguir entre la ausencia y presencia del objeto. Frente a estos obstáculos los filósofos puntualizan una serie de proyectos que podrían ser útiles para considerar a la conciencia como meta científica de estudio (Chalmers, 2004).

1. Dilucidar los datos relativos que son emanados por la tercera persona, asociados con el acoplamiento neuronal colectivo (*Cfr.* Módulo 53, en índice general).

2. Contrastar los procesos conscientes e inconscientes, relacionados con eventos experienciales, incluso los subjetivos (Cfr. Módulos 43 y 59).

3. Investigar los contenidos de la conciencia (Psicología *Gestalt,* Evaluación física de las experiencias sensoriales (Zambrano, 2014 G).

4. Hallar el sustrato de los correlatos neurales de la conciencia (Metzinger, 2000; Tononi & Koch, 2008).

5. Sistematizar el concepto de conexión, especialmente entre primera y tercera persona.

6. Inferir los principios fundamentales para establecer una clave de acceso a la conciencia (*Cfr.* Módulo 64 y Apéndice Y, Zambrano, 2014 d).

Así como los modelos de darwinismo neural propuestos por el Nobel Gerald Edelman, son orientados a la selección natural de grupos neuronales, la dinámica en los distintos fenómenos de conciencia, podría seguir la misma discriminación en la que se rigen espacialmente los modelos Darwin III y Darwin IV que son asociados al movimiento (Edelman, 1993). Recuérdese que la acción motora en su concepto más primitivo traduce potencialmente la ejecución de un pensamiento que subyace a la integración sensorio-motriz.

De esta manera se puede entender la evolución del modelo conciencial respecto al "yo", de carácter covariante estático; y la actividad operativa (contravariante) del *sí mismo*. Es decir, al nivel de procesamiento sensorial visual, la discriminación de las figuras, fondos, formas y color obedecerían a un patrón estático (Zeki, 2003), mientras que la percepción del movimiento se ajustaría al "ser" conciencial. La conciencia del *sí mismo* piensa sobre el porqué se mueve la figura, mientras el "yo" apenas discrimina y categoriza sin entrar en discusiones con la contravariante operativa.

Un ejemplo aplicable para este tipo de conciencia puede apreciarse en los modelos de generación mental de la imagen (Ganis et al, 2004; Borst et al, 2014). Es obvio, que la mente puede generar imágenes estáticas y en movimiento, pero el cerebro para realizar esta tarea, en especial la de concebir dinámicamente la rotación de objetos en la imaginación requiere del concurso de corteza motora primaria y cortezas de asociación temporo-occipitales, además de cortezas visuales V1 y V2 (Ganis *et al*, 2004).

Lo interesante de ésta aproximación radica en dos aspectos: la rivalidad binocular estudiada en felinos (Varela & Singer, 1987), explicando aspectos del *binding problem* en gatos bizcos (Singer, 2001) y dos; un intento de abordarse como correlato neural de la conciencia donde se estudia la sensopercepción y formas de atención (Vidal & Barres 2014), además de correlatos emocionales (Singer et al, 2012) y conciencia de alto orden.

Rivalidad Binocular

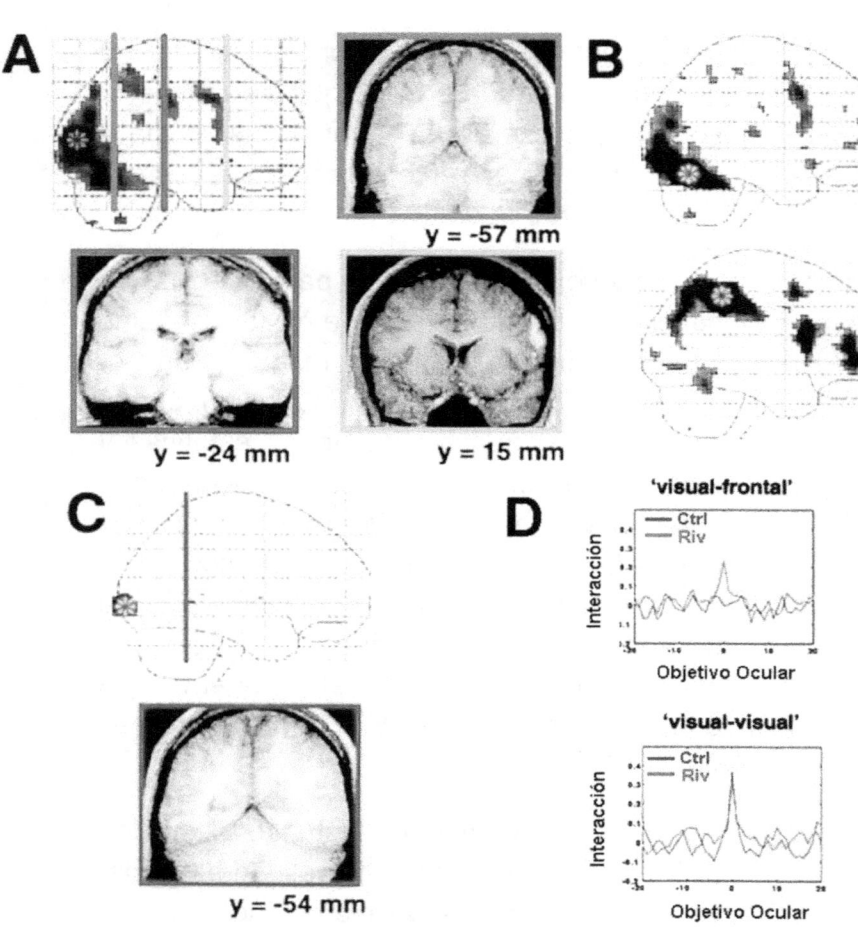

Fig 19.5 Asociaciones perceptivas en rivalidad binocular. Cuando se ejecutan tareas de enfoque y discriminación atentiva ligadas a la corteza visual (AB 18-19) hay actividad de asociación en corteza frontal inferior (Cuadro enmarcado rojo). En A, las líneas verticales del corte sagital estereotáxico señalan la distancia desde la comisura anterior en los cortes coronales enmarcados. Su traducción evidencia actividad en área frontal inferior, extraestriada visual AB 18-19 y parietal, asociadas con percepción subjetiva. En B, la actividad en giro fusiforme posterior. En C, el registro de la corteza visual primaria demuestra que hubo poca o nula actividad efectiva marcada para V1. En D. Panel superior, graficando la interacción entre la corteza frontal inferior y visual occipital. En panel inferior, la interacción cortical extraestriada con el giro fusiforme posterior. La rivalidad binocular se ilustra en rojo y las condiciones control, -cuando el objeto visible permanece quieto- en azul (Modificado de Lumer y Rees, 1999).

En el caso de la rivalidad binocular, los clásicos estudios de RMN, muestran que la corteza prefrontal puede tener actividad para evidenciar cierta subjetividad al observar un icono sin ser registrada en áreas visuales (Lumer & Reese, 1999) lo que garantiza percepciones subjetivas. En una aproximación conciencial, nuevamente el modelo del *zombi filosófico* (Chalmers, 1996; Crick & Koch, 2003; Zambrano, 2012) puede aplicarse para el *momentum* donde cierta actividad de la corteza motora primaria, genera imágenes mentales en movimiento. El cuestionamiento que emerge aquí es: si en efecto, un *zombi* tendría actividad cortical simultánea en áreas motoras y en corteza visual con tintes atencionales tal y como lo describe el modelo conciencial. ¡Eureka! (Ver Fig. 19.5). En ese caso, el dilema neuroepistémico se sitúa en los condicionantes neurológicos que argumentalmente se le atribuirían al modelo *zombi*, en el que se deben discutir las habilidades perceptivas, las cuales están severamente alteradas (Zambrano, 2012)

La neurona en su división del trabajo y en sus ocupaciones dentro de cada especialidad es capaz de crear su propia conciencia celular, y cada una entrega su vida por ese fin. Una neurona especializada de la corteza prefrontal estará siempre encargada de interacciones neurotransmisoras que sean activadas en procesos atentivos. No queriendo decir con esto, que un fenómeno trans-atentivo es igual a estar consciente; pero sí como parte de la *esencia* de la conciencia, pues negarse a atender, es igualmente una actividad racional y por tanto requiere del recurso de la neurotransmisión, pudiendo tener cualitativa y cuantitativamente alguna sustancial diferencia.

En términos generales, tal diferencia solo invita a inferencias, como las que se dan en la rivalidad binocular, especificando la relevancia que hay entre un período atentivo y lo que es integrar procesos concienciales, sensopercepción discriminativa y procesamiento emocional (Singer et al, 2012).

Considerando tal elucubración, allí encontraríamos participación activa de receptores a dopamina y a serotonina como mediadores absolutos del puente neuronal que recorre la vía desde el Sistema Reticular Activador Ascendente (SRAA), dependiente del estado de alerta hasta la corteza encargada de los fenómenos de atención y almacenamiento operativo-temporal de la memoria, o sea, la corteza de asociación prefrontal. Lo anterior por supuesto con el beneplácito de estratégicos complejos neuronales ubicados en la línea media talámica, especialmente los núcleos paraventricular e intralaminar (Zambrano, 2014, E).

La interacción del calcio y el fósforo, en actividades de neuronas que se sabe operan en perfiles de acciones neuronales intelectivas como son las llamadas neoestriatales y de la corteza prefrontal, se ha visto crucialmente investigada — a nivel conciencial —, en franca asociación a neurotransmisores especialmente con receptores D1 y D5 (Zambrano, 2014 A) generando gran actividad termodinámica propia de los procesos neuronales de alto orden (Young & Yang, 2004).

A éste respecto, los fenómenos de fosforilación membranal, activación de fosfolipasas y modificación de los constituyentes fosfolipídicos membranales, aunados a la actividad del calcio; son parte de los interesantes planteamientos que generarían el principio eléctrico alucinatorio (*Cfr.* Módulo 57, Zambrano, 2014 B). En este caso se infiere que los procesos epistémicos intraneuronales, tendrían una influencia similar en el predestino biomolecular de células especializadas, que requieren genéticamente de proteínas especializadas para cumplir con sus tareas evolutivas (Ver Módulo 63), o dentro de una red neuronal, como en el caso de las neuronas piramidales de la corteza prefrontal.

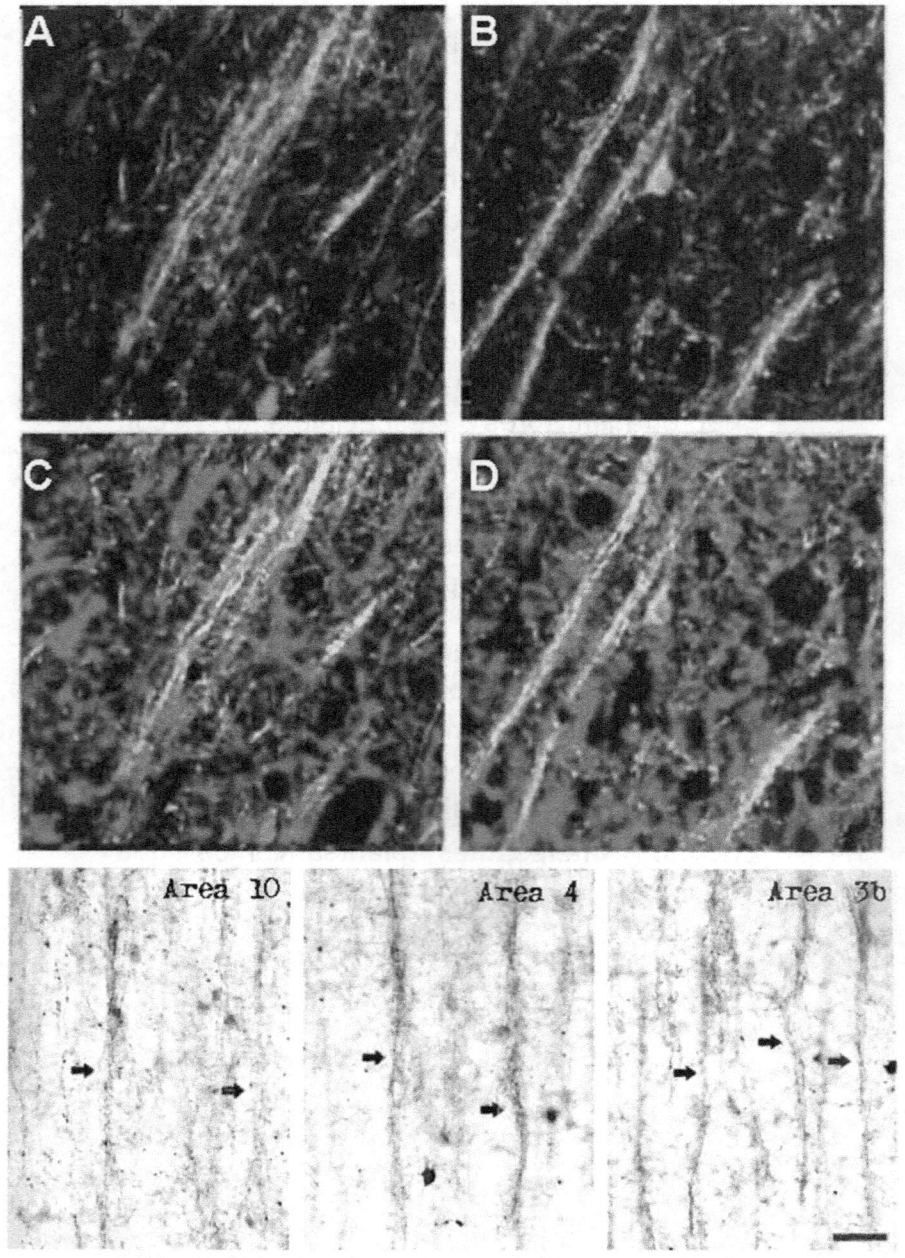

Fig 19.6 **Presencia de calbindina en células *Double-Bouquet* (DBC) de la corteza humana.** Imágenes neuronales con microscopía confocal serial en áreas de

La Sublimación del Intelecto y la Neuroepistemología

Brodmann, AB 18 capa III (A,C) y AB 17 (B-D) en cortes de 1.57 μm de grosor. La tinción en verde indica fijación de calbindina (color rojo, fijación de Proteína Básica de Mielina, PBM). La arborización axonal de las DBC son más complejas en AB 18 (tipo I) que en AB 17 (tipo II). En el panel inferior (fotos blanco y negro), las flechas señalan el grosor y número de axones colaterales inmunoreactivos a calbindina en DBC humanas de CPF (AB10), corteza motora primaria (AB 4) y corteza somatosensoiral primaria (Area 3b). Barra escalar: 45 μm (Modificado de Ballesteros-Yañez *et al*, 2005).

Investigaciones esenciales en el campo corroboran que, en efecto, el gran desempeño conectivo y altamente intuitivo, desde un enfoque epistemológico de neuronas corticales muy especializadas o de las interneuronas de la CPF (Ver Fig. 19.6), basan su ejecución en la expresión funcional de tres sustanciales proteínas fijadoras de calcio: La Parvalbumina, la Calbindina y la Calretinina (Elston & Gonzalez-Albo, 2003; Tooney & Chahl, 2004); mientras que la actividad GABAérgica, colinérgica y glutamatérgica, también se lleva a cabo en el prosencéfalo basal responsable de funciones de alto comando neurocognitivo y emocional (Gritti *et al*, 2003).

Es claro, que los niveles de percepción conciencial pueden ser modificados por la actividad de estructuras muy específicas del encéfalo en el que algunas sustancias ya discutidas, son moduladoras de tales acciones. Por ejemplo, para el caso de dos alcaloides que despolarizan fundamentalmente NMDA1R, como la harmalina y la Ibogaína, es altamente requerida la acción de proteínas fijadoras de calcio, especialmente en estructuras fundamentales para la conciencia como el complejo olivo-cerebelar (O'Hearn & Molliver, 1997, Tolbert & Clark, 2000); sustentando así, las bases neurobiológicas que integran el epistema de los eventos concienciales extraordinarios.

62.6.1 EN LA JUSTIFICACION DE UN *NATURALISMO PRAGMÁTICO*, APLICABLE A LAS DINAMICAS EVOLUTIVO~SOCIALES.

La neurona en su concepción evolutiva y de madurez funcional es apoyada en un interesante complejo de sostén denominado Neuroglia (Zambrano, 2014 K). Cuantitativamente hablando, puede ser concebida de manera analógica como el soporte poblacional de las escasas estirpes neuronales que han madurado y cuyas funciones son altamente especializadas, conformando una especie de *vox populi* que desde una base social podría entenderse como una aproximación de diferentes tipos de división del trabajo dentro del sistema nervioso.

La Sublimación del Intelecto y la Neuroepistemología

Estas células de sostén, oligodendrocitos y astrocitos con alta densidad en encéfalo, constituyen en resumen la malla cerebral, cuya función es genéticamente transmitida y que a manera de modelo biológico sintetiza el paradigma de una clásica estratificación social, en la que las células corticales y algunas subcorticales del hombre parecen ser las más avanzadas en la escala filogenética.

Los modelos biológicos, evidentemente por naturaleza; tienen una aplicación social. La genética comportamental del ser vivo uni o pluricelular, el índice poblacional, los patrones de conexionismo neuronales, etc., gozan de una connotación, por transposición semántica anexa, netamente socio-comunitaria. Incluso los comportamientos de ahorro de energía de algunas moléculas tienen un sustrato de índole economicista, sobretodo en algunas condiciones celulares que eventualmente predeterminarían ciertos comportamientos predictivos del sistema nervioso como el observado en los fenómenos de expectación neuronal (*Cfr.* Módulo 64 y Box 19.2, Postulados de la Epistemología Neuronal).

El procesamiento visual en el ámbito de la retina, explica la adaptación de ciertas áreas especializadas en respuesta a los *inputs* naturales. Para el mismo A. Einstein, en un concepto espaciotemporal, lo primero que existió fue la luz. Como se ha descrito previamente, en especial en el módulo 20 de "ontogenia de los sentidos", la captura de fotones, -a partir de conos y bastones en su calidad de fotorreceptores gracias al concurso de Proteínas G como la transducina- puede ser pragmáticamente más ajustable a las dinámicas socioevolutivas. Así por ejemplo, las evidencias de la conversión de la energía electromagnética del universo en actividad eléctrica parecen ser el paradigma idóneo; ya que la dinámica fotónica y cuantal en su acepción cinética y de claro compromiso en generar actividad termodinámica, ocasiona fenómenos físico-químicos y cambios celulares dramáticos con sensible repercusión en niveles macrosistémicos. Como diría Murray Gell-mann, el Nobel *quark-leptoniano* de Santa Fé, Nuevo México; mientras se dé el movimiento de partículas pluri-universales, existirá la biología.

Un ejemplo práctico para aproximarnos a una aplicación evolutiva, es observado en la competición existente a nivel de las terminales nerviosas. En tales espacios, no solo se garantiza la necesidad de intercambio sino también, gracias a la constante reverberación hebbiana, es cada vez más común comprender a diversas sinapsis dentro de una misma neurona (que a su vez funcionan en un módulo o columna especializada de neuronas), como el suceso que genera constante competencia, pudiendo ser planteado en los términos de la economía sináptica (Miller, 1996). Esto es explicable, por el ambiente de cooperación que se desarrolla entre neuronas piramidales involucradas en los procesos de memoria y aprendizaje, así como otras que participan en comandos de alto orden cognitivo y que por su acción desempeñan un papel trascendente en robustecimiento de redes y en el fortalecimiento de eventos asociados a la plasticidad sináptica y a la misma sinaptogénesis.

La evolución de la sociedad hacia donde se le quiera dirigir y analizar, tiene en sus núcleos, los contextos de la orientación y disposición intencionada de sus fuerzas. Sin duda, el sitio estratégico de grandes poblaciones donde se toman decisiones que influyen notablemente en el resto de determinada universalidad.

En ese aspecto, el de la selección de las opciones, a nivel individual o comunitario, el sistema que concreta la movilización gradual de los grupos es, el del intercambio de sus cualidades, y que en términos poblacionales; tal reciprocidad correspondería al modelo rentable de las finanzas y las plusvalías que se aprecian en las fluctuaciones de un mercado. Este modelo, es aplicable a la empresa privada (macrocompañías transnacionales, o microempresas) y con más razón, a nivel gubernamental, en la medida que las interacciones políticas crean codependencia. En el medio institucional, todo depende de presupuestos y una entidad ejecutora, ya sea de leyes, sanitaria o de sustento de su población e incluso ecológica o militar, pues siempre va a depender de esta instancia, ya que en todas ellas existirá una cadena de mando y un orden jerárquico, igual al modelo columnar de distribución paralela en el sistema nervioso central.

Aunque la toma de decisiones, ha sido socorrida en las categorías económicas de las altas esferas que otorgan el premio Nobel; hace casi tres décadas Herbert Simon sugirió entender las disciplinas de intercambio financiero bajo una perspectiva laboratorial como manifestación del economicismo experimental (Simon, 1978). Hoy por hoy, este enfoque se mezcla de manera inteligente en las decisiones cotidianas del individuo, y hay quien se atreve a decir, sobretodo en Estocolmo en fechas muy especiales, que eso (las decisiones que se toman en los mercados mundiales, las tasas de interés, los índices económicos de hegemónicas bolsas de valores, etc), tiene influencias en los comportamientos psicológicos del individuo y en su libre arbitrio (Kahneman, 2002).

Las teorías parecen tener cierta adaptabilidad, sobretodo en un modelo que se antoja de tintes epistemológicos, al plantear de alguna manera la contingencia prospectiva (que también presenta la Ecuación 19.1) involucrando la toma de decisiones en condiciones de incertidumbre. Su elemento clave es la evaluación de tal estado incierto en una escala absoluta, acercando las percepciones del individuo hacia un carácter predictivo que contempla el cálculo de probabilidades en modelos económicos y la emergencia de un juicio intuitivo que es capaz de solucionar problemas (Kahneman & Frederick, 2002), lo que ha servido para que estos juicios sean analizados en términos de investigación y dinámica de mercados, sugiriendo modelos económicos experimentales de vanguardia (Smith, 2002).

Por lo tanto, actualmente hay que considerar, que los modelos macroeconómicos de alta viabilidad, sobretodo los que tienen que ver directamente con las megatendencias financieras y también por añadidura, con la economía familiar y los individuos en particular, son importantes para mantener un estado de ánimo óptimo de manera colectiva. En otras palabras, existe una doble moral en el mercadeo economicista y está íntimamente relacionado con la visión prospectiva de la evolución y la condición humana. Teniendo en cuenta que una debacle económica puede influenciar en la toma de decisiones, en el afecto y en algunas funciones cerebrales superiores como alteraciones en la atención, etc., los Nobel antes mencionados dispondrían de fundamentos para apoyar una idea que involucre un tipo de evolución conciencial de la sociedad; y con base en sus teorías, plantear modelos de producción en masa que con acuciosidad semejarían comportamientos neuronales.

Las fuerzas macroeconómicas pujantes, dependen de las megatendencias generadas por los intercambios monetarios, su valor es tan controversial, que puede ser considerado como un cuantificador de unidades filosóficas ligadas a la conciencia como los *qualias* (Dennett, 2005). El intercambio, semeja desde luego la actividad sináptica interneuronal y lo que sucede en medio de todo este fenómeno tiene un espacio equivalente a la hendidura sináptica. Hay muchos valores y denominaciones que fluctúan en tal interacción celular (receptores, proteínas, neurotransmisores, energía que genera actividad eléctrica en canales dependientes de voltaje, interacciones moleculares, etc).

Una tendencia canónicamente estipulada, puede ser generada por un individuo o grupos de individuos (semejando un comportamiento neuronal en una columna o interacciones entre columnas). Su operatividad en función del tiempo y producción económica garantiza fortalecimiento, o lo que es lo mismo, incremento porcentual para una miniempresa hasta reflejar el grado de expansión monopolista de grandes emporios (Simon, 1978; Kahneman, 2002), como si fuera una función cerebral de alto orden con sus repercusiones a nivel organizacional macrosistémico.

El tipo de interacciones que se genera tras una continua actividad interneuronal, recuerda las bases biológicas del fortalecimiento sináptico que fundamentan eventos trascendentales como la formación de sinapsis y los mecanismos inmersos en los procesos de aprendizaje por retroalimentación, almacenamiento y recuperación de datos memorables.

Reconocidos teóricos de la economía clásica[10], elaboraron tesis que hoy sustentan

---

[10] Thomas Robert Malthus (1766-1834) en sus aproximaciones económico-poblacionales publicadas como ensayo y sin firmar por primera vez en 1798, junto con

medulares aspectos económicos, proponiendo que la capacidad de liderazgo de las compañías medias depende constantemente de sus fuerzas de trabajo, la utilización óptima de sus recursos y materias primas, así como de lo más importante, su índice de supervivencia dentro de un mercado. Desde una postura Darwinista podría pensarse que existe una predeterminación a ser vencidos por la ley del más fuerte, y facilitar la consolidación de un monopolio globalizador si no hay ejercicio constante que refleje producción económica para un macrosistema. La analogía biológica es pues, con los mecanismos de fagocitosis y regulación de la población neuronal durante el desarrollo del sistema nervioso, que caracterizan la muerte celular programada para avalar la calidad de vida en un sistema prospectivo y eficiente (Zambrano, 20014, M).

John Maynard Keynes (1883-1946) en el planteamiento de su teoría general sobre el empleo, el interés y el dinero; presentan elementos claves para comprender las oscilaciones mercantiles en el *modus vivendi* actual y su relación con la división del trabajo. Malthus TR (1992) *An essay on the principle of population, or, a view of its past and present effect on human happiness.* Cambridge University Press.

Keynes JM (1936) *The general theory of employment, interest and money;* y también, Keynes JM (1940) *How to pay for the war : A radical plan for the chancellor of the exchequer;* cuyas primeras ediciones fueron concluidas por la casa editorial Mc Millan, en Lóndres.

La Sublimación del Intelecto y la Neuroepistemología

El anterior enfoque, exhibe –desde la óptica de la evolución social– ciertos estadíos actuales de la filosofía contemporánea que con sus herramientas, trata de resolver las necesidades comunitarias. Es claro, que los conceptos emergen, mutan, esperan consolidarse y se adecúan o mueren. Las divergencias del oficio filosófico de finales del siglo XX, recaen en su manifestación más cercana: la expresión de las convulsiones internas y en la necesidad pre-eminente de las ideologías, apoyada en la munificencia de las letras, por liberar los demonios del pensamiento.

Todo esto es parte de una perspectiva superficial, eventualmente compatible con los axiomas *náturo-prágmatas* de la epistemología neuronal y con la dinámica del método científico aplicado en las ciencias sociales (Zambrano, 2012).

Aunque el desafío de las aproximaciones ontológicas desde el punto de vista de la sociología filosófica merece disquisiciones especializadas de alta profundidad ética y moral, es lógico que no se pueden esquivar los elementos que son predisponentes del análisis profundo y que son esenciales, como diría Max Weber, para la conciencia histórica de la evolución social.

Así, no solo los perfiles de la estructura económica actual quieren evolucionar más allá de una neoglobalización asfixiante, sino que también los modelos sociales se revolucionan de acuerdo a las necesidades emergentes de cada generación. Obviamente tales manifestaciones de la literatura son un reflejo del pensamiento humano y como tal, deben ser considerados. Soslayarlos es potestad de una ceguera intelectual que no permitiría englobar algunos aspectos que determinan potencialmente los comportamientos individuales de las próximas generaciones y que hoy permanecen latentes y observables en los adolescentes; quienes a la sombra de su inmanente simbionte tecnobiológico tendrán un mañana repetitivo, si consideramos algunas premisas Kantianas.

El epistema neuronal es por lo tanto, funcionalista.

Es operante y cumple a cabalidad con las reglas del orden jerárquico con fines organizativos taxinómicos planteados por Foucault, contribuyendo a la *mathesis* generacional y cualitativa de nuevas ideas (*Vide supra*). No depende del estaticismo crónico de la conformidad, sino que parte de un origen y busca sus últimas consecuencias persiguiendo siempre un aceptable grado de especificidad. Los procesos evolutivos dependen de sus unidades generacionales y cada unidad social es por noética pura, un individuo con cualidades neuronales, afectivas y concienciales. Este engrane puede estar dado por los condicionantes precognitivos e instintivos de una determinación genética propia de los animales y de la especialización continua a través de la evolución en la escala filogenética.

MÓDULO 63

EL EPISTEMA PROTEICO

63.1 LAS MOLÉCULAS DE LA CONCIENCIA

El cerebro, ese foco incansablemente encendido de 14 watios (Zambrano, 2014 L), es la resultante de un murmullo constante de corriente. Las descargas eléctricas de sus cien mil millones de neuronas, así nos lo hacen saber; particularmente cuando los fenómenos de sincronía, se armonizan para cumplir eficientemente con tareas de alto orden en los que se requiere del acople simultáneo de varias redes; es decir, el acoplamiento neuronal colectivo.

Cada neurona en toda una concepción reduccionista, tiene elementos proteicos y mecanismos moleculares capaces de generar evidentemente, acciones destinadas a emancipar cinéticas termodinámicas comparables con la formación del universo. Además, desde el punto de vista biológico y en concordancia con la neurobiología clásica del conexionismo; el hecho de la formación de la primera sinapsis nos coloca, en una posición expectante ante la gran magnitud del funcionalismo *avant-garde*, que en su sencillez, simplemente pasma, a medida que se comprenden con mayor claridad cada uno de sus dispositivos intrínsecos y sus perfiles celulares proyectivos que son en su mayoría bidireccionales. Incluso, es probable que en la generación de la conciencia existan proteínas encargadas de establecer funciones de comando que dispongan el comportamiento oscilatorio del acoplamiento tálamo-cortical.

La posibilidad de interacciones casi infinitas de los enlaces peptídicos, los puentes disulfuro, las subunidades catalíticas, los anillos y helices, el proteasoma, etc, son los caracteres que determinan un epistema proteico y su consecuente función. Por ejemplo en el caso de la anexina V, una molécula que facilita la comprensión estructural de los canales de calcio operados por voltaje, se puede apreciar que a una resolución de 2 ´, cada una de sus bandas tiene una función específica destinada al plegamiento selectivo de proteínas (Huber *et al*, 1990). Lo mismo sucede con el sensor de voltaje S4, dentro de los canales iónicos que permiten la apertura o cierre de un canal, dando paso al

La Sublimación del Intelecto y la Neuroepistemología

intercambio iónico que finalmente desencadena el impulso nervioso.

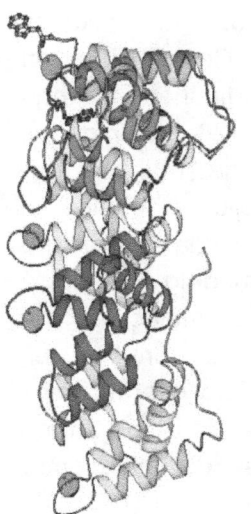 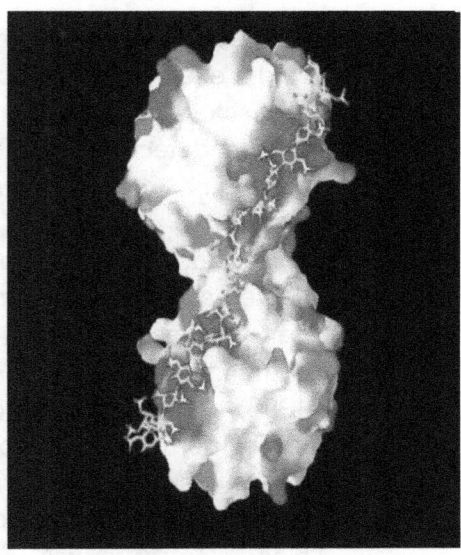

Fig 19.7 ¿Cómo se organizan las proteínas, para cumplir con su cometido? A la izquierda, en fondo blanco, un modelo computacional trabajado en el laboratorio de Robert Huber, exhibiendo la conformación tridimensional de una proteína perteneciente a la familia de las anexinas. Estas moléculas se fijan a radicales específicos de los fosfolípidos cargados negativamente, pero no se insertan en la membrana celular. La anexina V, es asociada con la actividad de canales catiónicos operados por voltaje, generando el intercambio de calcio y modificando así la actividad, tanto en una sola neurona, como en las demás que interactúan a su alrededor. En el fondo negro, un modelo tridimensional de una cadena glucosaminada en el interior de una estructura tetramérica humana. La superficie sólida de esta triptasa, indica los potenciales electrostáticos positivos (azul) y negativos (rojo) con un rango entre -4 kT/e y 4kT/e. La cadena de heparina (enlace verde~amarillo~rojo, utilizado en investigación de modelos isquémicos cerebrales) es lo suficientemente extensa para fijarse a los residuos con

cargas positivas en ambos lados de la interfase monómero-monómero, formando puentes y estabilizando la interfase de naturaleza hidrofóbica, exclusivamente (Modificado de Sommerhof *et al*, 1999).

Gracias a los trabajos de cristalografía por Rayos X, del equipo del premio Nobel Robert Huber en el Instituto Max Planck, en Martinsried, se han podido detectar por lo menos 28 subunidades cada una con una función determinada, en proteínas de gran complejidad como el sofisticado proteasoma 20S, una estructura cuaternaria que identifican el modelo prototípico de alta especificidad en las moléculas de degradación llamadas proteasas (Groll *et al*, 1999), ya que pueden describirse interacciones de tipo termodinámico o asociados a sus anillos β que disponen la escrupulosa distancia entre los enlaces de treonina para decidir un adecuado plegamiento proteico y concretar una potencial predicción alostérica (Ver Fig. 19.8).

Con tales ultrasistemas es tangible imaginar una maquinaria logística detectando sitios proteolíticos y activar así, la hidrólisis en estratégicos enlaces peptídicos; así como tener facultades de remoción selectiva, estar presente en los dispositivos de choque calórico transproteico que determinan la fisiología de las conocidas *chaperoninas* (HSP 70, 27, etc) importantes en sistemas de necrosis y equilibrio poblacional proteico; además de conjugarse, bajo otros vanguardistas nanosistemas moleculares, con mecanismos de degradación dependientes de ATP y con la ubiquitina,

La Sublimación del Intelecto y la Neuroepistemología

una proteína ligada a funciones cerebrales superiores como la memoria y el aprendizaje (Jarome et al, 2013) o actividad mitocondrial en sustancia nigra (Song et al, 2015).

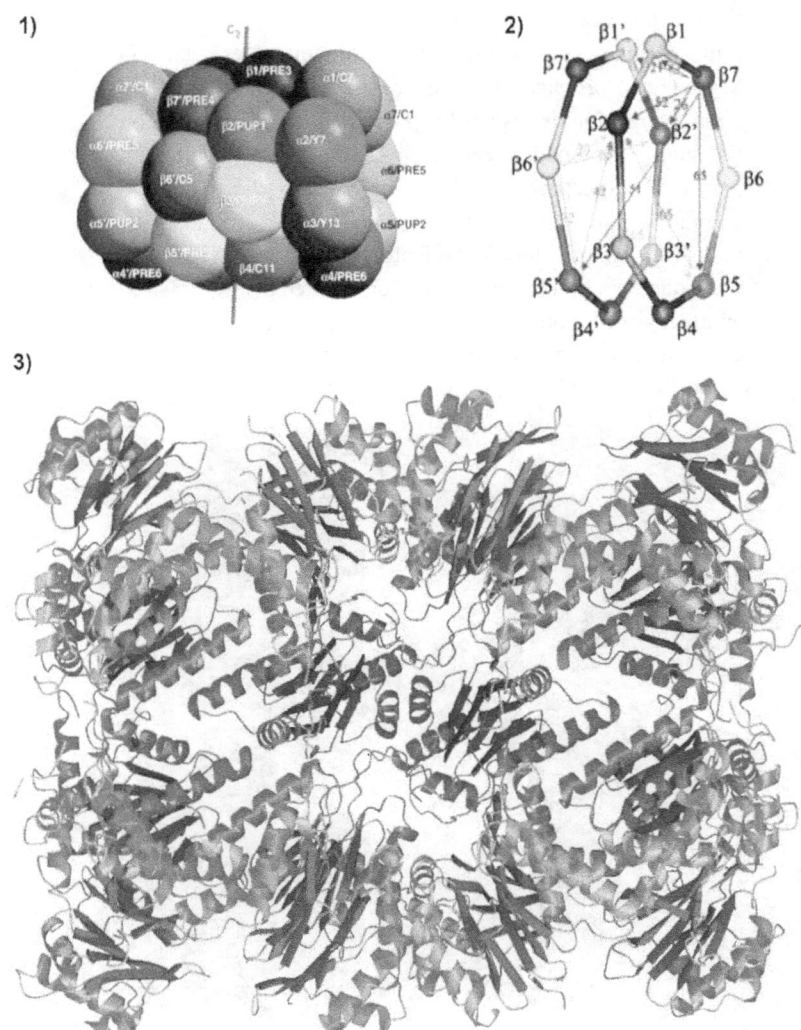

Fig 19.8 Disposición epistémica de las moléculas especializadas en degradar proteínas. 1) Topología de

Disposición Molecular del Proteasoma

las 28 subunidades del proteasoma 20 S. Las subunidades β forman una especie de coraza en el centro y son protegidas en sus extremos por la funcionalidad de α1- α7. Obsérvese que las unidades α dispuestas verticalmente en los extremos giran en sentido contrario, al igual que β en su interior. β1, β2 y β5 son responsables de tareas de ejecución quimotríptica y postacídicas fundamentales en la degradación proteica. En 2) Nótese la simetría del modelo en la interacción de los anillos β como sitios alostéricos con potencial capacidad selectiva en cuanto a un plegamiento proteico específico. En 3) Siendo un modelo computacional de levadura, el paradigma proteico es aplicable en su funcionamiento para la actividad de degradación molecular. Con un sistema de rastreo tridimensional de sus componentes, se exhibe la evolucionada estructura de especialización del proteasoma (Modificado de Groll *et al*, 1997 y 1999).

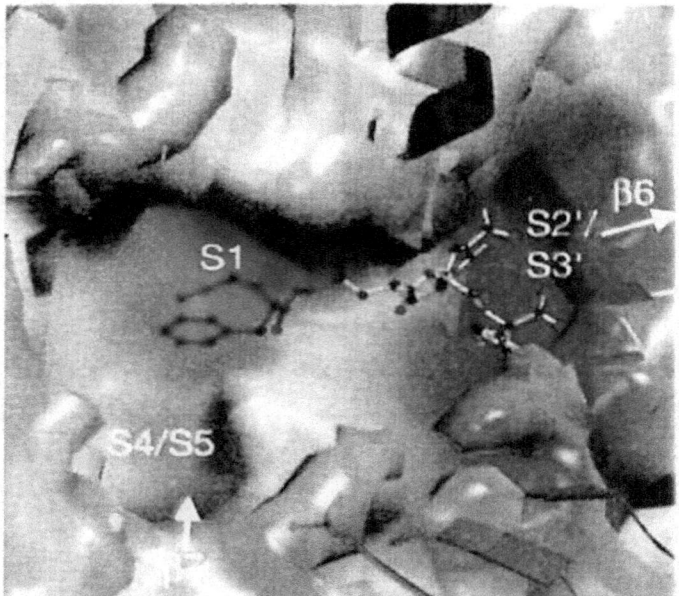

Fig- 19.8 (b) Estructura de la tricornio-proteasa. Nótese el sitio activo que determina mecanismos sofisticados de degradación entre proteínas. El sitio acídico S1 determina

La Sublimación del Intelecto y la Neuroepistemología

la ruptura del enlace, mientras que S2 y S3 es un sustrato de reconocimiento y S4-S5 son sitios de menor potencial electrostático Tomado de Brandstetter *et al*, 2001.

Debe recordarse que una categoría del epistema proteico obedecería en términos de su oficio, a los sistemas que la molécula despliega para acceder a otras proteínas. Este acceso nanodinámico es regulado por subcomplejos o dominios, que son apoyados en su plegamiento por sustratos de ATP primordialmente; aunque en la célula nerviosa, en especial en sistemas de transducción de señales intracelular se ha visto implicado más comúnmente el GTP. En términos de degradación, el ingenio de las distintas proteasas conjunta cinco estrategias comunes, utilizando para su ejecución exitosa: subunidades proteolíticas, conversión de grandes moléculas a estados oligoméricos, avanzados dispositivos enzimáticos, sistemas regulatorios de alta sincronización y ubicación de sitios con labilidad termodinámica en la molécula a reciclar o eliminar.

Amparados no solo en los mecanismos de degradación, sino en los de plegamiento complejo en función de la conformación de redes proteicas, los científicos reportan igualmente que también en este nivel, existen los dispositivos de redes computacionales (Quian & Sejnowsky,

1988, Wu & McLarty, 2000). La teoría de la epistemología neuronal tiene una variante basada en algoritmos de la retroalimentación (Zambrano, 2012 d). A principios de los 80's David Rumelhart y David Parker postularon de forma independiente la importancia de los fenómenos de retropropagación en la conformación del aprendizaje de los circuitos neuronales artificiales.

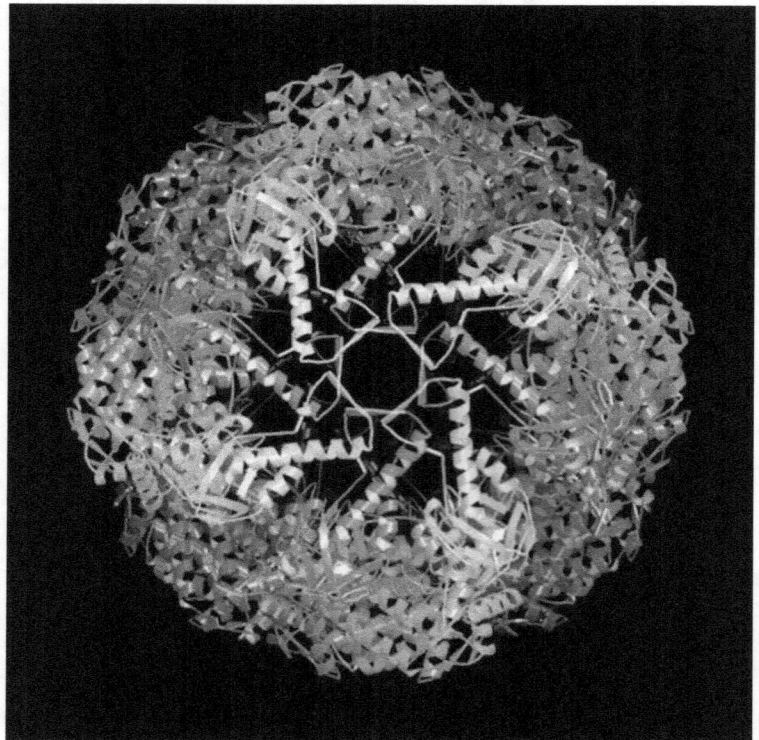

Fig 19.9 Modelo tridimensional de las chaperoninas. La función especializada de estas proteínas de choque calórico (HSP), involucra interesantes procesos moleculares intraneuronales. Uno de ellos es su participación en los procesos de degradación que se desarrollan en la inducción y ejecución de programas apoptóticos, o muerte neuronal,

La Sublimación del Intelecto y la Neuroepistemología

que son llevados a cabo durante el desarrollo embrionario. Para ello se vale de cinco estrategias moleculares incluyendo el reconocimiento de sitios específicos con determinada labilidad termodinámica (ver texto). (A partir de Ditzel *et al*, 1998).

Basado en los valores ecuacionales despejados en la TEN (Zambrano, 2012, 2014 d), podemos inferir la aplicación de un modelo de funcionamiento de efectividad del aprendizaje a la epistemología neuronal, que podría apreciarse en la sinaptogénesis y más específicamente en la síntesis de proteínas. Existen tres mecanismos muy claros entre estas dos fundamentales etapas del desarrollo del individuo.

1. La síntesis de proteínas y la interacción proteína-proteína.

2. La sinaptogénesis.

3. Los factores genéticos asociados a mecanismos de eficacia sináptica que existen en los sistemas de memoria y aprendizaje.

En todos ellos, hay un factor común que ha sido comprobado y es el de la retroalimentación. La epistemología neuronal, como todo fenómeno de interacción basa su principio en la retroalimentación positiva y en la negativa, que puede estar dada por el margen de error existente en la calidad de transferencia sináptica o peso sináptico (φ).

Epistemas en la Exocitosis

En los sistemas de aprendizaje discutidos, dentro del capítulo de las bases moleculares de la memoria (Zambrano, 2014 H), existe una interacción muy clara entre CREB (proteína promotora de fijación) y CaCM K (actividad fosforiladora en terminal nerviosa). En los eventos de liberación presináptica de neurotransmisores la participación de calcio es fundamental. Sin embargo, más interesante se vuelve esta aplicación de la teoría, si percibimos que la exocitosis tiene una naturaleza estocástica. En suma, el margen de error en la retroalimentación algorítmica tiende a ser nuevamente cuántico, pese a que esta condición, presenta un alto porcentaje de efectividad en la calidad de la transferencia de la información.

En términos de plegamiento, la acción conjunta de éstas proteínas que modulan la calidad de la información, representan tan solo una ínfima parte del potencial interactivo molecular intraneuronal.

La resultante fisiológica de una eficaz unión resulta contundente en el robustecimiento funcional que es suscitado por la mera acción de la liberación de neurotransmisores; pues como se sabe, entre más actividad exocítica se presente, más movimiento proteico existirá en la terminal nerviosa y por ende, mayor generación de probabilidades de comunicación neuronal.

Estas son magnitudes y principios computacionales de la retropropagación que son aplicados a procesos intracelulares fundamentales, lo que indica, desde una perspectiva, un tanto reduccionista; que la concepción de la epistemología neuronal es ecléctica y por tanto, se fundamenta en la comprensión de los mecanismos moleculares más rudimentarios que pueden explicar los grandes fenómenos de la conciencia.

Existen teorías reduccionistas que igualmente tratan de aproximarse a la fenomenología controversial de los eventos subyacentes a nuestras conciencias, y que se basan en seres vivos unicelulares ancestrales a los que se les atribuye conciencia (Margulis, 2001)

Entre las varias proteínas inmersas en el mecanismo de aprendizaje que se adaptan a este modelo, podría enunciarse la mencionada CREB y otros marcadores genéticos propios de los procesos de enseñanza-aprendizaje, al igual que los mediados por segundos mensajeros intracelulares como la calmodulina cinasa dependiente de Calcio.

Proteínas Especializadas en Degradación

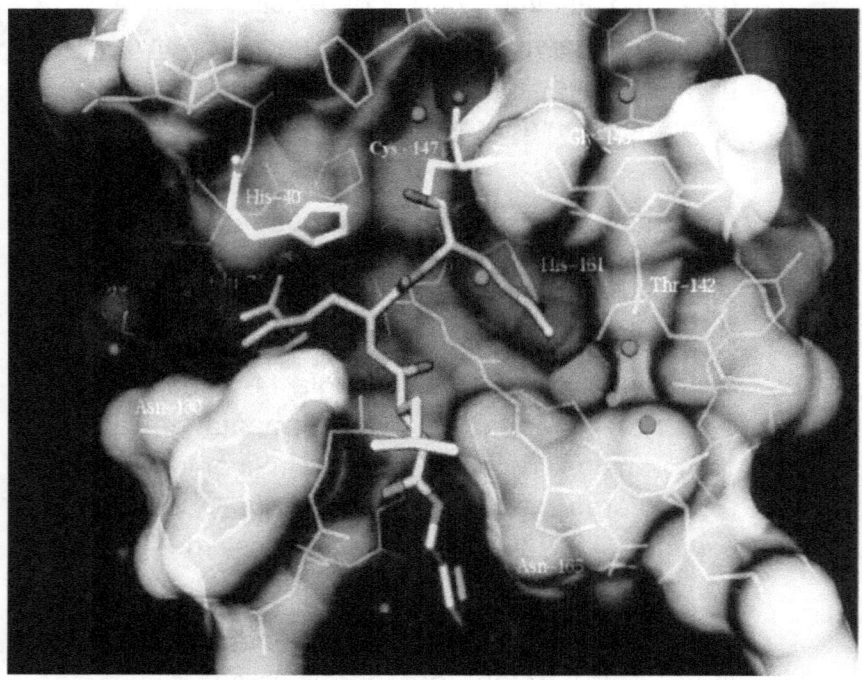

Fig. 19.10 Modelo de interacciones atómicas que generan acciones degradativas en una proteína cristalizada. La integridad molecular es representada como un solvente semitransparente expresando la superficie estructural proteica cuya interacción atómica interior es ilustrada en tonos fucsia. Los enlaces de residuos catalíticos son azules. Las esferas rojas representan las moléculas solventes que otorgan la calidad semitransparente al esqueleto molecular. La actividad atómica de perfil inhibidor es señalada con diversos colores, verde para el carbono, azul para el nitrógeno y rojo para el oxígeno. El inhibidor carbonado se fija covalentemente a la cisteína 147que es remarcada en color verde. Esta cisteina es el punto de acción para que se instale la actividad proteolítica en una proteasa que es utilizada por un agente externo como mecanismo de defensa (Modificado de Matthews *et al*,1999).

La Sublimación del Intelecto y la Neuroepistemología

Es precisamente esta calmodulina-cinasa, uno de los principales componentes moleculares que evidencian el principio del fortalecimiento sináptico en los mecanismos de potenciación a largo plazo. Lo anterior quiere decir que esta proteína inductora de respuesta, presente en los modelos de sinaptogénesis, aprendizaje y memoria; también implicada en la cascada de regulación de neurotrofinas, podría ser el pivote de una nueva premisa de componentes concienciales.

En la sociedad neuronal y en la conformación de la misma, existe un mecanismo regulador ancestral que sustenta la anterior coincidencia y garantiza el conocimiento de los demás componentes. Los reguladores de respuesta genéticos asociados principalmente al calcio y sus dispositivos de fosforilación existentes en todo ser vivo con actividad motora, son fundamentales en los mecanismos de retroalimentación. Dentro de este comportamiento "comunitario", la fosforilación equivale a la actividad del pensamiento humano, ya que en la mayoría de los casos la despolarización neuronal y el funcionamiento específico de la maquinaria de liberación presináptica depende de la actividad de canales iónicos tipo "N", además de las sinapsinas moduladas por la calmodulina-cinasa del calcio y de una proteína de fijación como la sinaptotagmina, fundamental en la comunicación neuronal y en para que se implemente toda la maquinaria molecular de la exocitosis (Suddhof, 2013).

Pese a que uno de los principios elementales de la conexión neuronal sistémica se apoya en que si una neurona falla en su actividad, otras células están especializadas para resolver tales contingencias, es probable que exista entonces, durante esta transición una capacidad genética de cada neurona para seleccionar la estrategia orientada a resolver las contingencias.

En el núcleo, el transporte macromolecular se realiza a través del Complejo Proteico Nuclear (CPN), el cual se compone de al menos 30 distintas proteínas acanaladas intranucleares o nucleoporinas (*nups*) (Holden et al, 2014).

Uno de los objetivos a largo plazo que persiguen los científicos expertos en el campo es determinar los componentes fásicos del transporte, los cuales siguen vías como si se tratara un cotidiano tráfico urbano, es decir, hay etapas del plegamiento proteico que tienden al estado estacionario y otras que están en constante movimiento.

La Sublimación del Intelecto y la Neuroepistemología

Como las proteínas tienen una especial carga genética, es probable que aquí se vea reflejado un epistema proteico correspondiente a la neuroepistemología, condicionando eventualmente la expectación neuronal.

Lo que quiere decir que existe la probabilidad determinante de proteínas, que podrían pautar la anticipación neuronal mientras se deciden a actuar y permanecen en estado refractario, pudiendo depender de las interacciones moleculares que vengan dándose desde el CPN, y que por supuesto, marcarían el comportamiento de ciertas neuronas que por naturaleza tienden a vincularse a una red, por medio de comandos intraneuronales presentes incluso, en mecanismos de transporte núcleo-citoplásmicos (Floch et al, 2014). Por supuesto, debemos recordar que pueden permanecer apagadas cumpliendo el principio que la información sigue flujos alternos cuando ve que no se puede interactuar con ciertas neuronas que tienen carácter inhibitorio como el caso de neuronas GABAérgicas y Glicinérgicas (Markram et al, 2004, Zambrano et al, 2012, Roux & Buzsáki, 2015).

Este entonces, es uno de los postulados de la teoría de la epistemología neuronal dependiente de cánones estocásticos propios de la mecánica quántica, donde las proteínas tendrían tal papel fundamental.

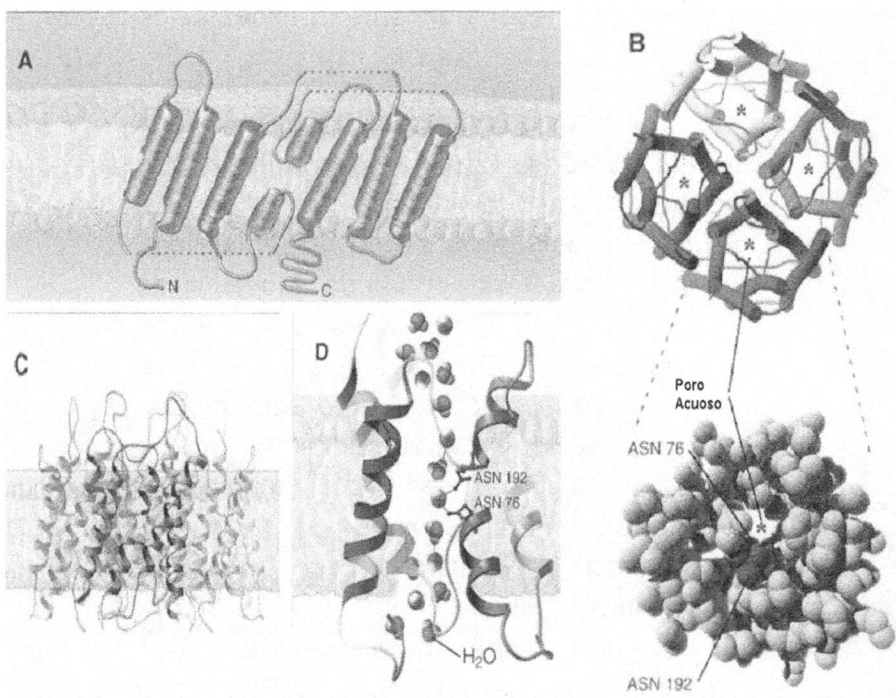

Fig. 19.11 Funcionalidad permeante de las acuaporinas
A). Topología membranal de la acuaporina según su estructura primaria. Las dos mitades del polipéptido tienen secuencias similares. Apréciese que tienen una forma en "espejo", o de forma invertida. B) El asterisco rojo (dentro de los círculos) indica unidades idénticas para cada poro en este modelo de cristalografía electrónica. C. Modelo computacional de las acuaporinas. D. Detalles del poro acuoso con una cadena de moléculas de agua cruzando la membrana. Dos asparaginas (76 y 192) en medio del poro, se fijan al hidrógeno de una de las moléculas de agua que atraviesan el canal. El oxígeno es representado en rojo. (Modificado de Pollard y Earnshaw, 2004).

63.2 PROTEINAS CAPACES DE DAR SOBREVIDA O ACABAR CON UNA NEURONA

Considerado pues, el desempeño molecular de las cadenas de aminoácidos; podría inferirse que a corto y mediano plazo, fueran inmiscuídas unidades en *Kd* con función lógica que seguirían un modelo de matrices y predisposición emplazada genéticamente. La neurobiología molecular en estos casos, por medio de modelos *knock-out* serían los primeros objetivos a explorar sistemáticamente los procesos de interacción proteína-proteína que podrían ser inferidos bajo un modelo probabilístico de acción dual.

En este aspecto de la fisiología dual de algunas proteínas; una muy interesante acotación de la teoría de la epistemología neuronal y que puede ser comprobada experimentalmente a muy corto plazo, se basa en la condición genética que determina un comportamiento neuronal y por ende el patrón conductual del individuo.

Ejemplificando de una manera lógica y siguiendo los modelos prágmatas de Charles Sanders Peirce, nos ubicamos en la actividad fisiológica de la proteína receptora p75 que tiene un papel simultáneo preponderante en los mecanismos de muerte y sobrevivencia neuronal durante el desarrollo (*Cfr.* Módulo 21, ver índice general).

Originalmente p75, está pregenéticamente marcada para llevar a cabo actividades neurotróficas similiares al NGF (Skeldal et al, 2011). Las interacciones fisiológicas con proteínas catalíticas terminan en procesos moleculares que inducen muerte neuronal. En teoría, y antes que sea prudentemente probada esta fase de la teoría neuroepistemológica, se podría inferir que contrariamente a los principios de marcadores genéticos predefinidos por las acciones nucleares de una célula neuronal, deben existir patrones de cambio que determinen la interacción selectiva de las proteínas. El hecho de que sólo algunas moléculas puedan interactuar doblemente con cinasas mediadoras de sobrevivencia e igualmente tengan acción deletérea para sus congéneres celulares como la Cinasa Src (Iqban et al, 2015), caracteriza un patrón muy similar al observado en individuos conscientemente preformados. En otras palabras, el ser humano tiende a cambiar sus conductas, no solo por la interacción de modelos ajenos que suelen ser transculturizados y aprehendidos, sino que también tiene predisposiciones genéticas para sentir afinidades por comportamientos negativos, independientes de la formación moral o genéticamente predestinada.

La Sublimación del Intelecto y la Neuroepistemología

Así mismo, la presencia de las interacciones de BDNF en síndromes psiquiátricos bipolares que tienen sintomatología psicótica y de otros que están asociados a subliminalidad neuronal por interacción opioide en un síndrome doloroso frecuente en comunidades beduinas conocido como CIPA (Degerli et al, 2014), además de otros eventos de modulación noradrenérgica por opioides y NT-3 (Akbarian *et al*, 2001), son ejemplos claros que muy probablemente la conciencia, tuviera cierta dependencia neurotrófica en la medida que el sistema nervioso evoluciona en el desarrollo. En otras palabras, la estructura de un cerebro en desarrollo podría presentar signos de conciencia, desde tempranos estadíos sensoriales y por supuesto, tener actividad del *sí mismo*, basados en los *qualias* subjetivas que se pueden percibir a través de la vía utero-placentaria.

Es sabido que el niño, escucha los sonidos retumbantes del latido del corazón de la madre. Algunas corrientes psicológicas recomiendan con base en esto, acercarle música al producto intrauterino y es lógico pensar que, además, recibe el cúmulo de comportamientos de la madre desde el punto de vista afectivo y aprehensivo, transmitidos en parte, genéticamente y por supuesto, por vía sanguínea, atestados de hormonas adrenales y simpático-miméticas. Lo anterior, sitúa un aspecto sugestivo de la conciencia en la epistemología neuronal dependiente de neurotrofinas, pues existiendo organización neuronal y desarrollo del mismo, seguramente se irán instalando los estratos de conciencia en el individuo, pese a su permanencia intrauterina y su nivel de percepción en constante evolución.

De la misma forma, como este desarrollo vaya estructurando los núcleos talámicos, esperará que las capas corticales, que son las últimas en estratificarse, reciban aferentes del circuito tálamo-cortical que oscila a 40 HZ y es compatible con los cánones experimentales neurobiológicos que definen a la conciencia. Se ha comprobado que existen patrones de sueño «*in útero*», lo que podría extrapolarse como un considerando, para justificar la existencia de niveles de conciencia durante el desarrollo (Szeto & Hinman, 1985; Mirmiran *et al*, 2003).

Uno de los más interesantes aspectos epistemológico-estructurales del cromosoma lo brinda el telómero. Su epistema molecular es sustentado por la telomerasa, encargada de favorecer la totipotencialidad de las células primigenias embrionarias, capaces de generar (antes de convertirse en blastocisto), un embrión completo, incluidas membranas extraembrionarias y placenta (*Cfr.* Módulo 22, Zambrano, 2014, M).

La longitud inicial de los telómeros, es reestablecida con ayuda de la telomerasa, con gran capacidad para inducir división celular. En otras palabras, la elongación de fragmentos repetitivos del telómero (nucleótidos TAG) bajo la activación de telomerasa, prolonga las limitaciones en el número de divisiones celulares antes de la primera semana de vida (Hug & Lingner, 2016), lo que otorga una cualidad filosófica y de potencial inmortalidad a este tipo de eventos biológicos (Bollman, 2008). Ya que la síntesis de proteínas en sus avatares termodinámicos tiene una constante de tiempo, el conjunto molécula-neurona tiene una velocidad evolutiva, dependiendo de sus interacciones epistémicas.

Bajo ésta contemplación, la percepción de la conciencia celular en la naturaleza humana podría estar presente desde la quinta semana de gestación cuando las neuronas sensoriales en la medula espinal son capaces de procesar sensaciones dolorosas y al tacto propioceptivo. Sin embargo llama la atención que los estadíos de coherencia neuronal que están asociados a ondas de 40 Hz, solo podrían ser detectados a la espera de la consolidación cortical y de su correspondencia talámica. A este respecto los núcleos talámicos que transfieren información sensorial empiezan a tener acoplamiento neuronal a partir del estadío 30 y 40 en primates no humanos (Rakic, 2002) y extrapolándolo a nuestra condición, esta consonancia podría darse antes de la novena semana –días 56 a 63- en el pulvinar (cuya maduración termina en menos de un mes), encargado del procesamiento audiovisual. Las AB 17 y 18 (visuales) y las AB 41 (auditiva) y corteza cingulada involucrada en el procesamiento nociceptivo a temperatura y dolor generarían sus primeras neuronas dispuestas al acoplamiento de alta coherencia neuronal probablemente antes de la semana 11. En el cerebelo existen patrones de nocicepción muy primitiva (Saab & Willis, 2003) y sus células, en especial las de Purkině alcanzan un grado de madurez apreciable hacia la semana nueve (estadíos 56 y 69 de desarrollo) (Rakic, 2002)

Con base en los trabajos que por más de 30 años ha conducido el neurobiólogo Pasko Rakic de la Universidad de Yale, sus tablas de desarrollo de neuronas en primates son eventualmente adaptables hacia los humanos (*Cfr.* Módulo 6, Indice General) y

La Sublimación del Intelecto y la Neuroepistemología

se deduce que las interneuronas y células granulares del cerebelo (encargadas de procesamiento sofisticado de predominio excitatorio cercano al núcleo olivo-cerebeloso) son las que inician su índice de sobrevivencia más tardío alcanzando su madurez, alrededor del primer trimestre de vida extrauterina. Los anteriores son algunos ejemplos multipotenciales de las modificaciones y adaptaciones neuronales que se presentan durante el desarrollo. En otras palabras, ¿se podría hablar de conciencia en un embrión? ¿Es el homúnculo y el *nasciturus*, un ente conciencial? Las implicaciones de este interrogante serían tema incluso de profundas disquisiciones que involucrarían incluso el orden ético de la jurisprudencia, teniendo como fin la homogeneidad de leyes con sustrato científico y mermar la anarquía existente de ciertas legislaciones respecto a este controversial asunto; en el que recientemente y debido a la polémica de las clonaciones y las células embrionarias totipotenciales, se ha visto inmerso el terreno filosófico de la consideración epistemológica de la conciencia celular.

En términos reduccionistas, filosóficamente hablando; y con una orientación biomolecular; el planteamiento de la epistemología neuronal parece tener un puente directo entre el macrosistema de un cerebro neonatal en desarrollo y los eventos propios de la potenciación a largo plazo (LTP) en los mecanismos de memoria (Zambrano, 2014 H). Durante la etapa de larga duración del LTP, hay gran participación de PKA y cinasas de proteínas asociadas a mitógenos, envueltas en los mecanismos de formación de nuevas sinapsis. Las evidencias experimentales en este siglo XXI, apuntan a la inclusión de residuos metabólicos de colina prenatal en el desarrollo del fortalecimiento sináptico en células piramidales del hipocampo, involucradas en la activación de MAPK y CREB (Mellot *et al*, 2004). La importancia de estos correlatos, no solo acerca a la perspectiva de que la conformación de sistemas de memoria primitivos se da en edades tempranas durante la consolidación funcional de las células hipocampales, sino que asegura la existencia de sustratos para contemplar eventos conscientes en períodos perinatales. Estos fenómenos de plasticidad sináptica son directamente proporcionales a las modificaciones de la eficacia sináptica y la consecuente sinaptogénesis; como de toda actividad sincrónica que allí, se produzca.

El ejemplo del inductor apoptótico p53 entendido como un guardián del genoma, es parte de las acepciones contemporáneas sobre una aproximación al perfil

La Sublimación del Intelecto y la Neuroepistemología

epistemológico de las proteínas, en la que se ha demostrado que cada molécula, requiere de auxilios para su ensamblaje o de diversos apoyos, -incluso de resguardo- para una eficaz ejecución de sus funciones. Tal es el caso de su homólogo oncogénico p73, presente en procesos de mutación genética de ADN resistente a efectos deletéreos. Se ha probado que p53 es sensible a terapéuticas anticáncer que desintegran sus propiedades inductivas; mientras p73, permanece sin daños aparentes, tras la acción aniquiladora de radiaciones ultravioleta, sesiones quimioterápicas, etc; por lo que clásicamente se le ha nombrado como el "asistente" del guardián genómico (Melino, 2003, Grespi & Melino, 2012), sobretodo en procesos neurodegenerativos, apoptóticos y de multiplicación celular anómala.

El complejo epistémico neuronal, tiene que ver con un conocimiento epigenético ancestral que tiende a evolucionar, desde el punto de vista de sus compartimientos intracelulares y las moléculas proteicas que se encargan de llevar a cabo el tráfico interno y la síntesis de un organizado movimiento sincrónico pregenéticamente comandado.

La Predisposición en Células Cerebelares

En modelos de estudio donde el caos, parece ser el objeto de estudio, se ha demostrado muy recientemente que hay incrementos de transmisión de información en uno de los sustratos concienciales anatómicamente más investigados: las fibras trepadoras de la oliva inferior donde pueden coincidir en un solo axón más de cien mil fibras paralelas (Schweighofer *et al*, 2004). Lo interesante de este aspecto, es que en la medida que las células de Purkinĕ participan en los mecanismos moleculares de memoria que determinan la depresión a largo plazo (LTD), las neuronas parecen entrar en sistemas de resonancia caótica que podrían potenciar el aprendizaje cerebelar, contemplando incluso los lógicos sistemas de desincronización de disparo que son inferidos por la gran disparidad de correlación sináptica (100.000 a 1). Para probar que existen mecanismos aparentemente aleatorios que evitan la saturación de información, los científicos comandados por Nicolas Schweighofer y Mitsuo Kawato en centros de neurociencias computacionales de Japón, realizaron protocolos caóticos de disparo neuronal *In Vivo,* en redes neuronales simuladas de la oliva inferior y comprobaron que existía un mejor acople en los eventos de transmisión de la información.

La Sublimación del Intelecto y la Neuroepistemología

Un postulado teórico-epistemológico para la dinámica intramolecular que condiciona finalmente la comunicación neuronal, podría ser eventualmente anacrónico (basado en teorías de caos y comportamientos estocásticos), los cuales al final de ciertos eventos fásicos, alcanzan un ritmo que puede ser copiado, transducido o transferido en otras estructuras dinámicas, ajustándose a un patrón algorítmico armónico que facilita el «escape» de distribuciones probabilísticas a estados aleatorios (Zambrano, 2014 d). El acontecimiento del acople del conjunto proteína-neurona puede ser tomado de ciertos casos azarosos como la liberación de neurotransmisores, o de orden termodinámico, como el que es apreciable en " la guía del axón " en el que la neurociencia ha dado por hecho que es formal y definitiva hacia un objetivo determinado dependiente de la actividad energética generada por los receptores de acetilcolina en la primigenia masa muscular.

Sin embargo, he aquí algunas precisiones algo necesarias.

Ineluctablemente esta dinámica en el movimiento axónico, no tiene que ser eminentemente química, como bien lo enuncian las teorías quimiotácticas clásicas (Cajal, 1899, Zambrano, 2014 K); sino que muy probablemente este fenómeno esté dado por elementos físicos y más específicamente por el calor. Esto está sustentado en el metabolismo muscular energético proveniente del ATP mitocondrial o en su defecto de participación del análogo energético por excelencia, el GTP hidrolizado. Si este fuera el caso, entonces se cumplirían nuevamente principios termodinámicos que rigen muchos procesos neuronales y el cono de crecimiento axónico se movería básicamente a través de fisiotropismo!

En el libro seis de esta *Summa Neurobiológica* (Vida, Obra y Milagros de un Sistema Neural), se discute en detalle la participación de la función proteíca tanto estructural, como funcional y sobretodo se enuncia el papel protagónico de las llamadas proteínas intranucleares que forman el complejo *NUPS* que fácil, puede sobrepasar más de cien micromoléculas hasta ahora detectadas en mamíferos (*ver Tabla 19.3*). Es claro que aunque éste trabajo está en un auge incipiente, actualmente las perspectivas cada vez son mayores, de acuerdo con el sinnúmero de probabilidades que representan en especial, a nivel intranuclear (Floch et al, 2014, y tabla 6.1, Zambrano, 2014 M).

63.2 LA ALTA ESPECIALIZACIÓN

Por ejemplo, la partícula llamada SRP (Por sus siglas en inglés, *Signal Recognition Protein*), especializada en reconocer señales desde el comando supremo, el núcleo; es en determinada forma, una de las proteínas con más responsabilidad en el funcionamiento sistémico del plegamiento de proteínas fijando y agregando ARN en el transcurso de sus operaciones (Walter & Johnson, 1994; Swain & Gierasch, 2001). Ella es capaz de reconocer las terminales de aminoácidos de otras moléculas y puede prever fácilmente la capacidad de plegamiento que tenga el complejo globular proteico por mecanismos de rotación, que se antojan similares a los que presentan otras proteínas de la llamada red *trans*Golgi.

En cuanto a la dependencia de la energía para el acomodamiento de proteínas (Ver Fig. 19.12), el Patrón Fractal Coincidente (♀), necesita de SRP, para efectuar su acción; además SRP, es la molécula que marca el reconocimiento de la señal, ella justifica en otras palabras, el componente *eigen*-vectorial, es decir la multidimensionalidad de la dirección proteica, en el plegamiento macromolecular, el cual exige para su desplazamiento un sustrato energético.

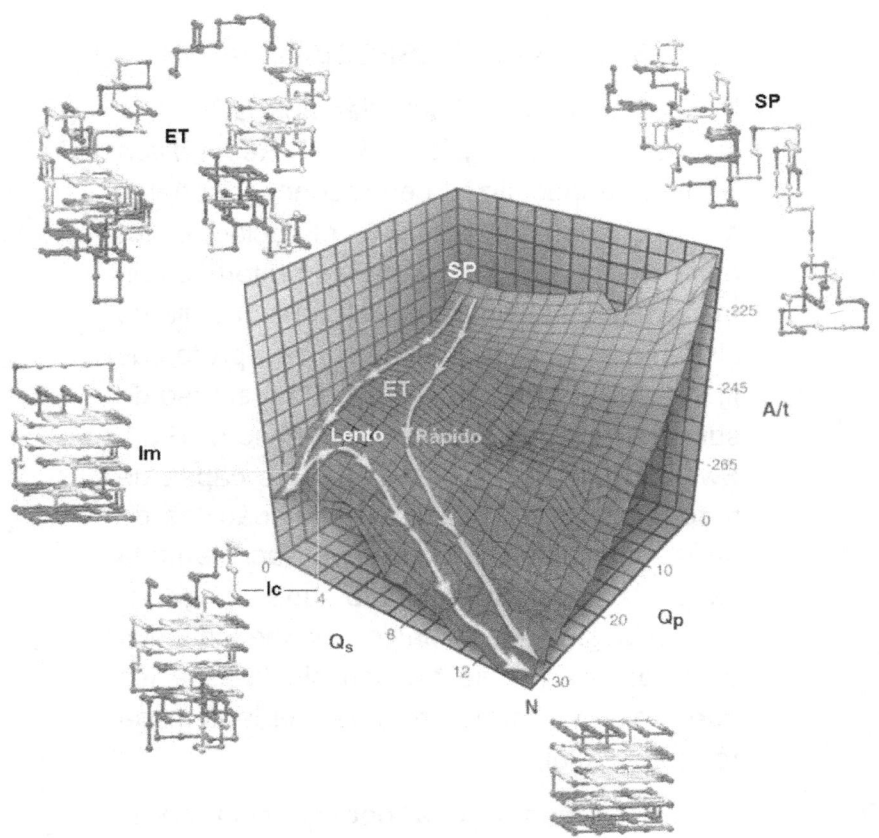

Fig. 19.12 **Cinéticas termodinámicas presentes en el plegamiento proteico.** La energía libre puede ser obtenida bajo simulaciones probabilísticas de Montecarlo, que permiten considerar una muestra de todo el espacio conformacional potencialmente desplegado por una proteína. Éste es dispuesto, asumiéndose como una función mecánico-estadística del número de contactos entre los residuos de proteína divididos en dos estados: Qp, profundo (cinética verde) y Qs, superficial (cinética amarilla). Los residuos no envueltos en estas variables son púrpura. Las trayectorias y dinámicas del plegamiento son indicadas en variables de velocidad, resueltas en microsegundos (µs). La proteína considerada en estado natural (N) puede tener

La Sublimación del Intelecto y la Neuroepistemología

varios estados para lograr el plegamiento completo, como los estados intermedios (Im) y de interconversión (Ic). Para que haya conversión del estado natural a activo se requiere de los estados de transición (ET). Cuando no hay plegamiento (SP) se requiere de actividad termodinámicas mínima para ejecutar los cambios conformacionales. A más contactos conformados por un plegamiento rápido (flecha verde), la energía del sistema decrece. Una característica clave de este plegamiento, es que tales interacciones pueden darse en varios niveles y órdenes termodinámicos, otorgando la cualidad inherente de heterogeneidad y entropía propia de un sistema probabilístico, equivalente por supuesto a algunos comportamientos neuronales (Ver Box 19.2). El paradigma gráfico también es aplicable a proteínas de alto peso molecular, así como a pequeñas proteínas que pueden quedar atrapadas o parcialmente plegadas (flecha amarilla) en estados intermedios por decaimiento de las barreras de energía; en este caso, correspondiente a la mínima local (una de las cuales es apreciada en el cubo, Qs = 0. Pero no QS = 33). N, simboliza la ejecución final de un plegamiento proteico (a partir del modelo de Aaron Dinner y Martin Karplus; en Radford & Dobson, 1999 y Dinner *et al*, 2000).

Las proteínas *"cargo"* por ejemplo, Clatrina COP II, y los ortólogos moleculares Sec 13 p y Sec 31 p, aparte de los Sec 23p y Sec 24p, tienen capacidad selectiva asociada a GTP, esto fortalece la premisa que la dependencia de la energía desde nivel intrínsecos proteínicos (Lewin, 2012). El GTP es hidrolizado después que el ARN*t* ha sido incluido en la síntesis de proteínas. Los procesos de síntesis ribosómica y la translocación de moléculas que se llevan a cabo específicamente en cápsulas 30 s, 50 s

y 70 s, requieren del constante concurso de GTP (Lewin, 2012; Watson et al, 2013).

Recordando por ejemplo el papel de las proteínas envolventes, que participan en la síntesis endocítica molecular, es notable la acción de COP II que empaca y exporta proteínas semejando una actividad epistemológica concerniente a la formación posterior de vesículas, el sustrato secuencial primario para que se genere la liberación de neurotransmisores o exocitosis.

Por otro lado, la capacidad de decisión de una proteína es determinada por la señalización que se dá principalmente en la Red *Trans*-Golgi-Retículo Endoplásmico (RTG-RE), que implica la existencia de múltiples sitios de reconocimiento de una proteína o incluso de familias de proteínas especializadas en reconocer tales sitios como los del complejo COP II (Mossesova *et al*, 2003).

Este poder de decisión y los mecanismos que la subyacen, como la identificación, el plegamiento, el reconocimiento de señales desde el interior nuclear y demás sorprendentes interacciones proteína-proteína como las rotaciones especificas ante un aminoácido que puede ser afín, etc., en conjunto demarcan otro de los caracteres que

La Sublimación del Intelecto y la Neuroepistemología

también distinguen al epistema proteico (Ver Fig. 19.13).

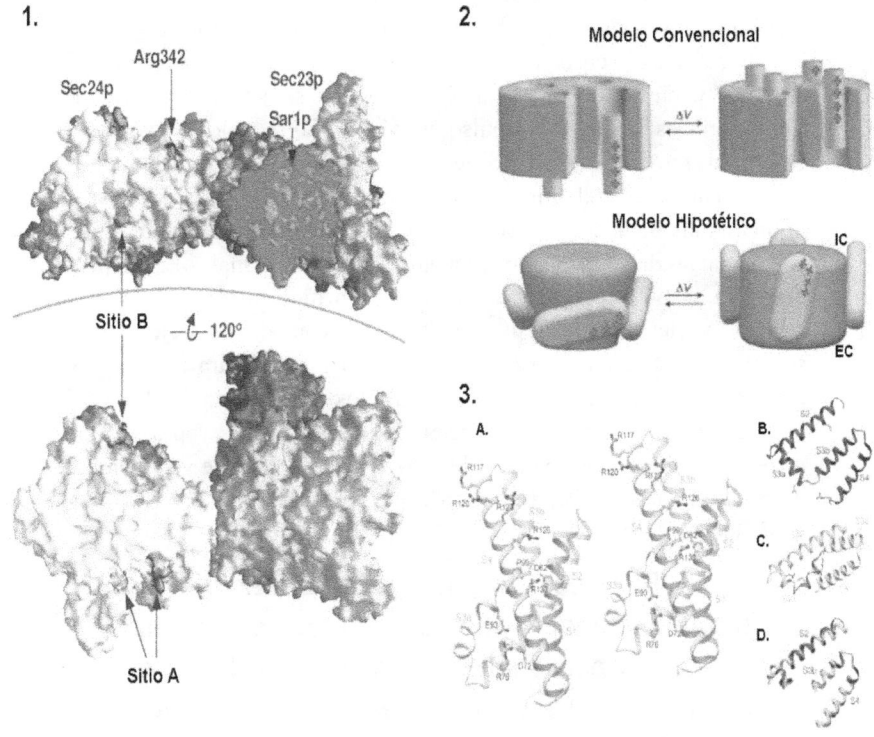

Fig 19.13 Tareas de alta especialización proteica. Cuando las labores de plegamiento muestran algo de dificultad, la proteína puede rotar dramáticamente para conseguir su cometido. En 1, la representación del acoplamiento entre dos proteínas involucradas en los procesos de fusión presináptica. Los sitios A y B y el sitio de aminoácido Arg 342 indican acciones endosómicas relacionadas con la síntesis de proteínas entre el retículo endoplásmico y el aparato de Golgi, respecto a las tareas de reconocimiento de aminoácidos específicos. La membrana dispuesta en la superficie del complejo de fusión sináptica previa a la liberación de neurotransmisores se ilustra con la línea curva. Nótese como en la porción molecular donde se encuentran los sitios de reconocimiento A y B, la proteína es capaz de rotar hasta 120° a lo largo del axis

La Ubiquitina

longitudinal con respecto a su blanco de plegamiento (Modificado de Bonifacino & Glick, 2004). El epistema funcional del sensor de voltaje es ilustrado en 2 y 3. En el panel superior, una adaptación tridimensional del modelo clásico y convencional de apertura y cierre de los canales de potasio operados por voltaje (ΔV), donde las cargas que se mueven en el sensor S4, son fundamentales para que se genere la apertura y cierre de un canal iónico y así se generen actividades fundamentales como el impulso nervioso. El modelo convencional ilustra el movimiento de cargas por la actividad rotatoria de S4, mientras que el modelo hipotético, las cargas positivas podrían atravesar la membrana de adentro hacia fuera, debido a la interacción entre S4 y la bicapa lipídica, lo que facilita la apertura del canal. En el panel inferior, el S4 modelado computacionalmente ilustra las fases de rotación y plegamiento de la proteína para acomodar lo mejor posible sus radicales cargados positiva y negativamente. En letra celeste (3A), los elementos helicales; en letra negra los aminoácidos útiles en la interacción de las cargas entre proteínas a través de sus propios códigos de reconocimiento. En b, c, d, el sensor aislado de voltaje y su punto de unión con la porción S2. El *loop* S3, se indica en rojo (A partir de Jiang *et al*, 2003).

El comportamiento biomolecular, organizacional y funcional proteico da una suerte de personalidad a cada una de ellas. La auxilina (Ungewickell *et al*, 1995) provee sustratos energéticos en casos emergentes durante los eventos posteriores al tráfico de proteínas en la RTG-RE. Otro, es el caso de los componentes citosólicos estructurales que solidifican la morfología neuronal semejando tareas de construcción, o como la *ubiquitina* (Song et al, 2015) que es una especie de sistema de información o investigaciones especiales y asuntos internos de una dependencia represora, encargada de detectar y notificar cuáles

La Sublimación del Intelecto y la Neuroepistemología

serán las proteínas próximas a degradarse y que serán blanco de las proteasas (enzima encargada de destruir las proteínas).

Respecto a otro subtipo de proteínas como las mitocondriales y nucleares, éstas semejan actividades de tipo logístico y organizativo, por supuesto dependientes de sus ácidos nucleicos ADN y ARN; mientras que las de membrana actuarían como agentes aduanales o de relaciones públicas.

Sin embargo, también es necesario concebir que existen proteínas que no necesitan de ADN para su funcionamiento.

A partir de alta ingeniería genética en plegamiento de moléculas recombinantes, que se desarrolla actualmente en el laboratorio de *Gryphon Therapeutics* en California, los científicos han trabajado con un modelo pentamérico llamado TASPs (Por sus siglas en inglés *Template-assembled synthetic proteins*), especialmente con genes asociados a la proteasa genómica *"Vpu"* del VIH (Becker *et al*, 2004), utilizado en la actualidad como un ideal paradigma de funcionalismo proteico.

El desenvolvimiento contemporáneo en la continua búsqueda reduccionista de los genes que originan la funcionalidad del cerebro, descansa en la llamada alternativa proteómica. Interesantemente, parte de un utópico engrama conciencial podría ser demostrable mediante las técnicas de hibridización, microarreglos y recombinación molecular que evidenciarían la relativa existencia de la conciencia en términos operativamente termodinámicos (Ver Fig. 19.12).

El complejo proteinal Ran GTP*asa*, dirige el transporte direccional a través de los canales intranucleares conformados por las nucleoporinas, también conocidas como *nups*. Proteínas como las pertenecientes a la familia de la carioferinas α y β2 Ran juegan un papel básico en el transporte núcleo-citoplásmico y recientemente se les ha implicado también en los mecanismos de importación nuclear y en el sustrato de reconocimiento de las demás proteínas (Chook & Blobel, 2001).

La mayoría de proteínas asociadas al complejo mayor proteico que existe dentro del núcleo, el CPN, requiere de la hidrólisis de GTP para poder emerger y realizar funciones de carácter citosólico.

En esa misma forma surge el carácter responsablemente funcional y altamente crítico del fósforo, además de ser un accionista mayoritario en la constitución de la bicapa fosfolipídica, resulta esencial en sus desempeños energéticos como la fosforilación oxidativa y sus productos como los conocidos inositósidos y todos los derivados fosfatidiles que aparecen en la fisiología clásica que es mediada por segundo mensajeros, como el PIP2 y otros pirofosfatos, el IP 3, la PLC β y otras de sus variaciones, cuya función principal es la fosforilación de proteínas y en especial, se cita el caso de las proteínas canal, como las que se activan por iones de calcio, que son imprescindibles en el proceso exocítico.

La interacción de las proteínas con las mitocondrias, el endosoma que une a la energía metabólica con los genes; depende mayormente de la bienaventurada coincidencia del ion fósforo y la síntesis de ATP. El cuarenta por ciento de la actividad celular energética y de oxigenación del cerebro, depende de esta interacción. Si inferimos que el total del cerebro es capaz de consumir en ciertos grados de funcionamiento hasta un 80%, sino es que más, del oxígeno a partir de la glucosa circulante, podemos predecir que entre un 30 y 40% del metabolismo celular energético depende del buen acoplamiento de la fosforilación oxidativa en cada uno de los cien mil procesos neuronales que pueden darse en orden de milisegundos en cada unidad nerviosa. En otras palabras, la fosforilación es también un pivote energético que condiciona dependencia de alto valor termodinámico.

En un ejemplo aún más epistemológico, podemos citar que la fosforilación reversible de la sinapsina en la dendrita, parece ser la responsable de la interacción para que SNAP-25, genere su patrón de concreción sináptica con las SNARES receptoras y otras esenciales moléculas presentes en los gránulos de secreción exocítica *(Cfr.* Sudhof, 2013). Las cinasas, proteínas responsables de trascendentes sucesos biofísicos e indiscutibles participantes de los acontecimientos de transducción de señales intracelulares como segundos mensajeros, deben gran parte de sus interacciones, a los mecanismos de fosforilación que influyen en los receptores transmembranales o en los canales iónicos, como los de calcio Tipo "N" involucrados en la mencionada exocitosis.

Retomando el papel de algunas proteínas y mitógenos como CREB, MAPK, p38 y otros factores de transcripción nuclear descritos en el Módulo 43 (Ver índice general), durante la sinaptogénesis y en eventos propios de la neurobiología del desarrollo, existe un interesante correlato con los mecanismos de aprendizaje que se dan en los primeros años de consolidación cortical y por tanto de vida conciencial. De ésta forma, CREB, también está involucrada

La Sublimación del Intelecto y la Neuroepistemología

en los mecanismos de adicción (*Cfr.* Módulo 59), en estados depresivos y podría ser útil en la búsqueda de alternativas terapéuticas antidepresivas o evitando procesos neurodegenerativos asociados a memoria, como el Alzheimer (Carlezon *et al*, 2005).

TABLA 19.3
ABUNDANCIA RELATIVA DE *NUPS* EN MAMIFEROS

(Cronshaw *et al*, 2002 ; Floch et al, 2014)

Nucleoporina	Abundancia Relativa	Nucleoporina	Abundancia Relativa
Nup358	8	Nup75 (FLJ12549)	16
Tpr	16	Nup58	48
Nup214	8	ALADIN	8
gp210	16	Nup 54 y 93	32/48
Nup205	16	Nup50 y 88	32
Nup153	8	Nup45	32

Nucleoporinas en Mamíferos

Nup188	8	NLP1	16
POM121	8	Nup43 (p42)	16
Nup155	32	RAE1	48
Nup160 y 98	8	Seh1 (Sec13L)	16/32
Nup133 y 62	16	Nup37 (p37)	16/32
Nup96	16	Sec13R	16/32
Nup107	32	Nup35 (MP-44)	16/32

La tabla 19.3, nos enseña la relativa abundancia de núcleoporinas en mamíferos, que generan misiones ejecutantes del sistema nervioso en su contexto cognitivo y conciencial, pudiendo ser potencialmente determinantes para una tesis epistémica proteinal, desde el llamado complejo nuclear de acuaporinas, conformado por las «*nups*» que desempeñan este asombroso proceso de comprensión nanomolecular entre lo más interno del núcleo y el exterior del universo (Allen et al, 2000, Cronshaw et al, 2002, Floch et al, 2014). A este respecto, el Nobel Gunther Blobel propone la importancia de las consideraciones evolutivas-proteómicas con respecto a la trascendencia del poro nuclear y sus implicaciones en la manipulación tecnológica de la proteína (Blobel & Wozniak, 2000).

Por la disposición y preclaridad molecular, es válido elucubrar la posibilidad que una de estas *nups*, tuviera algún tipo de interacción con estructuras proteicas de transporte axonal también enunciadas en teorías concienciales, pero que demostrando una trascendencia a nivel genético previamente determinado por cascadas de señalización intracelular, pudiera generar grados de dependencia con las demás estructuras concurrentes en los procesos neuronales de alto orden.

En los fenómenos de aprehensión del lenguaje en famosos primates no humanos *(Cfr.* Módulo 50, Zambrano, 2014 F) que se expresaban con el mismo vocabulario que un niño de 30 meses -en el mismo tiempo del humano-, también son aplicables los fundamentos del epistema neuronal. Es lógico que el *bonobo,* una especie de chimpancé pigmeo, que tiene notables capacidades adquisitivas para aprender, tiene una especie de freno a los 2 años y medio que no le permite archivar más significados a su vocabulario. Una tesis dual surge para explicar esta limitación. La primera seguramente relacionada con la idea de que exista un proceso de saturación relativo en redes neuronales procesadoras de información, especialmente en términos de análisis cuantal (Zambrano, 2014 K, libro 8). La segunda tesis, se asocia con la síntesis de proteínas esenciales, que podrían no estar presentes después de cierta edad en algunos primates no humanos, disminuyendo la capacidad de aprendizaje. En otras palabras, el hecho evolutivo en el que los monos frenan el aprendizaje de más palabras a temprana edad, pudiese obedecer a un patrón de la personalidad de las unidades neuronales dispuestas en red, implicados en específicos procesamientos del lenguaje, basados en la reiteración, la reverberación y el fortalecimiento sináptico que genera el fundamento de la plasticidad sináptica (Hebb, 1949, Zambrano, 2014 F).

El epistema que se plantea en este paradigma, es efectivamente, complementar la estrategia experimental que permite conocer si existe un comportamiento pautado del disparo neuronal en modelos atentivos del lenguaje, cuyos *inputs* crónicos dentro de los principios de las redes neuronales, garantizan el fenómeno de reverberancia hebbiana traducido en la retroalimentación, el fundamento básico del aprendizaje y de la consolidación de la memoria a largo plazo, incluso con modelos

La Sublimación del Intelecto y la Neuroepistemología

computacionales de orden caótico, similares a los utilizados en Japón *(Vide supra)*.

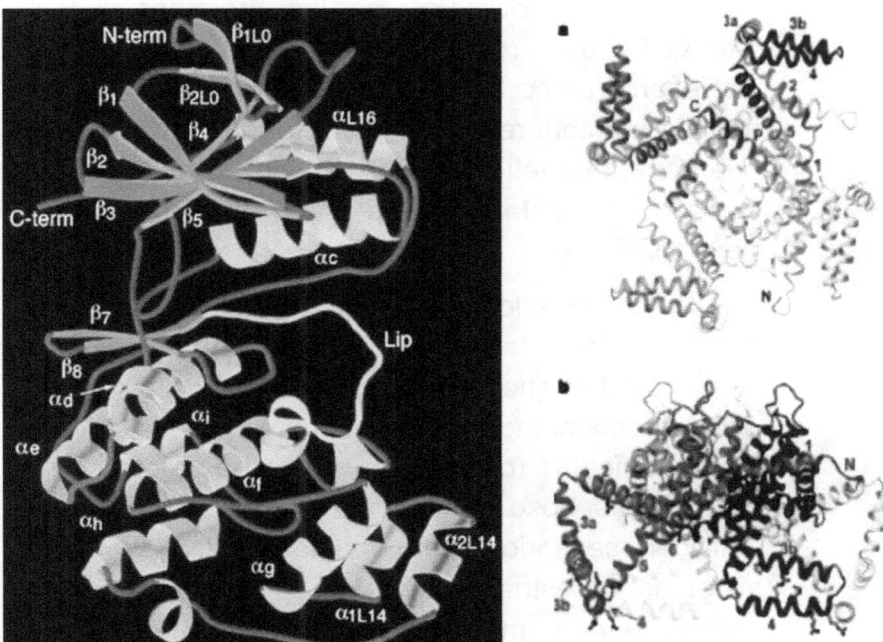

Fig. 19.14 La funcionalidad de las proteínas en la ejecución de comandos de alto orden. En fondo negro, la trascendental proteína p 38, involucrada en los procesos moleculares fundamentales para tareas de memoria y aprendizaje desde el punto de vista de la transcripción nuclear. Los sitios de interacción y los radicales amino y carboxiloterminales junto con los sitios de reconocimiento α y β, son indicados para señalar que son puntos de interacción con otras proteínas cinasas asociadas a stress (SAP) que son esenciales para archivar y recuperar eventos memorables. LIP, es un sitio de fosforilación. A la derecha en fondo blanco, el modelo tridimensional del más antiguo de los canales iónicos, el canal de potasio, con innegables funciones en el desempeño de la excitación y contracción neuromuscular constituyendo los primordios de conciencia al estructurar las bases de las respuestas motoras primitivas. En A), la imagen tetramérica vista desde el lado interior de la membrana. Cada subunidad tiene un diferente color. La secuencia azul oscura ilustra S1-S6 y P, indica el complejo helical del poro. N y C, son terminales amino-carboxilo respectivamente. En B, el tetrámero visto de perfil tras una rotación de 90 grados. Las subunidades de color azul oscuro y rojo son las que determinan la operatividad y sensibilidad al voltaje que identifica al canal (modificado de Jiang *et al*, 2003).

Moléculas del Aprendizaje

Debido a que las proteínas juegan un papel preeminente en el aprendizaje, tanto los promotores genéticos como las proteínas intranucleares *(Cfr.* Tabla 19.3), es interesante como los científicos utilizan este tipo de marcadores para optimizarlos como operadores genéticos computacionales, tal y como se sustentan en el próximo apartado (*vide infra*).

Las anteriores disertaciones, y en general todo el texto, permite aseverar con cierta claridad que la participación molecular es directamente proporcional a la fenomenología (cualquiera que sea) del sistema nervioso. Ya sea la tensorial actividad sensorio-motora mediada por los sistemas estriado-pallidales o las contravariantes moduladas por el sistema límbico o por la interacción tálamo-cortical y también olivo-cerebelosa todas dependen de la actividad proteíca convergente.

Entonces, podría pensarse que existen proteínas que son responsables de la oscilación de neuronas especializadas y por lo tanto, de fenómenos concienciales. De ser así, el camino que se abre en investigación es un nuevo océano que permite el lucimiento por lo pronto de las tecnologías actuales de cristalografía de rayos X y de las herramientas de la biología molecular que por deleción puntual o en modelos animales tipo *knock-out* en los que se suprime los segmentos exactos de la información, podríamos encontrar la respuesta a los interrogantes y comprobar ecuacionalmente la funcionalidad de los diferentes patrones existentes en los comportamientos celulares implicados en la conciencia.

Por último, y para reflejar más, el concepto de una aplicación práctica del epistema proteico, mencionaremos sin duda la participación pragmática de la mielina en la importancia de la propagación del potencial de acción y su relación con los Nódulos de Ranvier. Tal y como se describió en detalle en "De los iones a la membrana" (Zambrano, 2014 J), el engrosamiento del axón depende de esta proteína y de sus interacciones comando, la PBM y la P1. Una aplicación del rol mielínico en el axón desencadena la sofisticada fenomenología saltatoria en específicos corpúsculos donde existe gran densidad de canales de sodio, responsables de mantener y evitar la extinción del potencial de acción en grandes distancias, mediante su acción despolarizante.

Es decir, en axones de neuronas motoras que sobrepasan el metro de longitud (recordemos que su soma se mide en micras), la mielina juega un papel fundamental para que la información sea debidamente procesada. Basta con hacer mención, que una alteración sustentada en los procesos desmielinizantes, enlentece la velocidad de conducción y es el fundamento para entender la fisiopatología de las mielopatías neurodegenerativas que integran un cúmulo de signos y síntomas, incluyendo no solo la actividad eigen-vectorial sensoriomotora sino la funcionalidad intelectual y emocional del sistema nervioso, ocasionando severos cambios en el comportamiento y en el estado de ánimo. Para ello, es importante recalcar, el papel fundamental de la interacción proteína-proteína y su grado de afinidad por específicas vías nerviosas. Por ejemplo, la mielina, tiene un grado alto de preferencia por el fascículo longitudinal medio, una fibra que atraviesa susbestructuras estratégicas que viajan desde la médula hasta el nervio óptico y en su mayor parte, dependiente de P1 y PBM para su función y que se ve terminantemente afectada cuando la síntesis de mielina no se lleva a cabo idealmente dentro de sus estructuras internas, ocasionando la sintomatología propia de la degeneración desmielinizante irreversible de la esclerosis múltiple, entre otros paradigmas.

MÓDULO 64
LA CLAVE DE ACCESO...
64.1 LA NEUROEPISTEMOLOGIA

La conciencia es resultado de un sistema metaorganizacional, que depende probabilísticamente del modelo conexionista descrito en el capítulo 12. De eso no hay duda. Sin embargo, los eventos que subyacen a estas interacciones conectivas, son parte de los axiomas de la epistemología neuronal; y la predeterminación de especializados perfiles poblacionales de éstas células, es debida a su gran dependencia molecular.

La actividad sincronizada – no de una, sino de varias columnas neuronales – bien podría justificar la clave unitaria neurobiológica para considerar la estructuración espacio- temporal de las experiencias subjetivas y de la canalización adecuada de las sensopercepciones primitivas, como el pivote fundamental para caracterizar los primordios constitutivos de la conciencia, en rangos de milisegundos y en especificas redes neuronales, asociadas cognitiva y emocionalmente a la corteza prefrontal y a muy establecidas estructuras límbicas, desde núcleos intralaminares y paraventriculares del óvalo talámico; amén de su interacción con complejos celulares especializados del tallo cerebral de donde emanan los patrones neurovegetativos ligados al sistema reticular activador ascendente (SRAA).

El paradigma del tercer milenio, es pues, analizar los mecanismos de conciencia en forma molecular y sustentarlo en condiciones experimentales, con aparatos encargados de analizar eventos de conciencia dinámica, y también observando los sistemas de programación genética ancestral y arsisúmonamente prediseñados para la evolución de las especies.

La propuesta abierta de diversos protocolos y estrategias experimentales con sustentado rigor científico analizados a lo largo de varios capítulos y más específicamente en los cuatro últimos, son sólo una parte del gran potencial generado por las neurociencias en conjunto para encontrar el camino adecuado, en el que finalmente se resuelva el interrogante primigenio que distingue al problema de la mente y el cerebro. Abarcar de alguna manera los dispositivos moleculares que generan la epifenomenología y hechos que la complementan, podría tener algo de concreción en la ecuación que vislumbra a (♀), como patrón fractal coincidente y en los postulados que se presentan en la caja de información 19.2.

La cercanía de una estructura metodológica que comprenda las ciencias más integrales y de perfil analítico, es el elemento pragmático que conduce a dar el primer paso concreto: obtener la clave de una contundente elucidación para plantear hipótesis reales que aproximen un evento natural de acepciones relativas (subjetivas u objetivas) que atañe a la emergencia y al asentamiento de la conciencia.

Disponer de comprobaciones fisiológicas que confirmen las aseveraciones teóricas a corto plazo, con demostraciones prácticas de la fenomenología conciencial, es una meta más que urgente en la actualidad; y por otro lado, categorizar las necesidades subliminales de la función cerebral, para comprender los conceptos de la heterofenomenología (PPP-PTP), que dependería igualmente de factores predeterminantes moleculares, es una exigencia más que latente.

A este respecto, la probablidad de la fenomenología conciencial es analizada ecuacionalmente en dos aspectos: la parte operativa tangible de una función superior como la atención y una subjetiva en donde

P^{n+1} ofrece la posibilidad de comprender al menos, el "qué" de la conciencia. Esta dualidad teórica operativa de la ecuación 19.1 permite distinguir los estados anticipatorios de la predicción neuronal, es decir, los axiomas que caracterizan la unidad neuronal, aplicados a un modelo epistemológico que semeja una gran sociedad y en la que ellas funcionan para otorgar una visión de conjunto, valiéndose de sus cualidades refractarias o expectantes, inhibitorias y excitatorias.

Las particularidades neuronales por tanto son parte de un correlato que justifica de alguna manera la epistemología de las unidades nerviosas. Tal y como se describe en la caja de información 19.2, la neurona individual (N^I), tiene la categoría de reconocimiento de sus cualidades y debilidades. La descripción anatómico-fisiológica de N^I, tiene todos los componentes de la ultraneurona, como paradigma de alta especificidad (Zambrano, 2014, K). En N^I, su acepción epistémica de individual, también indica la neurona primaria y mejor la *"neurona primera"*, así como un concepto que en lenguaje sajón, semejaría (*Neuron I*), y que traduciría una especie de ego neuronal, o «*Yo*» Neuronal. (Zambrano, 2012).

Box 19.2

LOS FUNDAMENTOS DE LA EPISTEMOLOGIA NEURONAL$^{\psi}$

(Cinco Postulados)

PRIMERO: (N^i)

Cada neurona (N^i), al conocer sus propias limitaciones biológicas, caracteriza un determinado comportamiento que la identifica y la diferencia de las demás, pese a que su objetivo es permanecer y corresponder funcionalmente en un módulo neuronal.

Como unidad biológica fundamental del SNC, la neurona individual (N^i), tiene su propia personalidad. Para ello se vale de su integridad proteica y del acople transcripcional de sus ácidos nucleicos que predisponen los funcionamientos de los diversos subsistemas que

---

$^{\psi}$ Para su enunciado formal, se tomaron los conceptos de Gramática Universal Innata (GUI) y Teorías del aprendizaje (TA) planteadas por Noam Chomsky. En los períodos de adaptación y desarrollo de un programa de lenguaje, existen otros fenómenos que se le adjuntan, como son los eventos experienciales, pudiendo determinar acontecimientos conductuales que finalmente, modifican un estado cognitivo. En síntesis, una noción primitiva fundamenta los teoremas epistemológicos; es decir, la estructura esencial operativa de la teoría (Chomsky, 1975).

la conforman y generan programas de transporte y síntesis de proteínas, otorgan tiempos y constantes metabólicas que son imprescindibles para su supervivencia.

SEGUNDO: (N^C)

Cada (N^I), posee una cualidad conexionista *per natura*, determinada por la capacidad selectiva neuronal. Su función primordial es integrarse a una organización mini o macrocolumnar. Con base en su propio conocimiento estructural, (N^C) o sea, la neurona conexionista dentro de una columna; puede desarrollar la opción de comunicarse o no con quien tenga afinidad, o reservarse el derecho de entablar comunicación.

Para cumplir con este cometido, tiene un programa operativo que le indica si debe o no acatar funciones conexionistas y en qué momento. (N^C) tiene una capacidad intuitiva que fundamenta su especialidad selectiva. Llega a ser un tanto predictiva, pero también puede establecer mecanismos de inhibición presináptica, como el caso de neuronas GABAérgicas.

TERCERO: ($N^f \sim (N^{Eq})$)

La Neurona Funcional (N^f), es el garante operativo del oficio neuronal, predeterminado genéticamente para interactuar. Su finalidad es activar el patrón que determina tal desempeño como unidad neuronal dentro de un complejo que consolide la formación de redes eficientemente sincronizadas. El término unidad para (N^f), determina su acción dentro de un sistema modular que semeja el patrón computacional originalmente biológico y que debe operar sobre la base del conocimiento de sus subsistemas armónicamente organizados.

La capacidad organizacional de (N^f) deriva en su función más trascendente que radica en la capacidad de ecualización neuronal. Es decir, (N^{Eq}), es la unidad que modula la actividad de la red neuronal. Se adapta al patrón oscilante, del resto de las neuronas que en una columna se viene ejecutando, con el fin de garantizar una uniforme sincronización neuronal.

La neurona funcional (N^f) en su modalidad de neurona ecualizante (N^{Eq}), trasciende de los modelos de reverberación hebbiana y concede a su evolución, facultades algorítmicas que son finalmente, el sustrato epistemológico operativo de la plasticidad sináptica, así como de la sinaptogénesis y aún más figurativo, en la traducción finalmente comportamental del sistema nervioso.

CUARTO: (N^α)

(N^α), es la neurona alfa, que tiene como fin ejercer el máximo grado de competencia dentro de una columna, modulando en conjunto su actividad integral y utilizando un muy mínimo índice de energía. Se trata de una modificación pragmática a la neurona (N^{Eq}), cuya actividad de relajación depende de los grados de energía mínima que se requieren para desencadenar interacción celular óptima.

La traducción fisiológica de esta modalidad neuronal es equivalente al grado de optimización máxima de una columna con los menores recursos energéticos posibles. Su participación en determinado módulo, puede incluso definir el carácter de la información a procesar, siguiendo un paradigma similar al de las situaciones creadas.

Para éste caso, la neurona puede permanecer en un tipo de expectación esperando el mejor momento –apoyado en su PFC ($\female$)–, para obtener una comunicación ideal. La neurona α dentro de una columna, es aquella que tiene gran madurez y capacidad sináptica que potencialmente dependería, no sólo del número, sino también del volumen de sus espinas dendríticas.

QUINTO: (N^e)

(N^e) es una neurona expectante. Su función se basa en los principios de contingencia operativa, apoyada principalmente por las cualidades de (N^C) y ($N^α$). Es una especie de neurona especializada, con sofisticada predeterminación molecular, cuya función trascendental es mantener los umbrales predictivos de ciertos circuitos fundamentales para la operatividad de

La Sublimación del Intelecto y la Neuroepistemología

la conciencia en un circuito neuronal; por ejemplo, el tálamo-cortical. (N^e), también ejerce funciones de reconocimiento específico en las actividades de asociación cognitiva y su actividad tiene una cualidad gradual de respuesta, respecto a los estímulos que recibe y a la consolidación de la información que eficazmente debe integrar.

Epistemología: *Metafilosofía* que teoriza con el conocimiento y la *esencia* gnoseológica *en* las cosas.

Abbagnano N. Véase, Conocimiento, teoría del. ... nace de un supuesto filosófico... cuyo estudio es tema específico de la teoría del C, el de la realidad de las cosas o en general del "mundo externo".

Ferrater-Mora J. ...teoría del conocimiento científico, o para dilucidar problemas relativos al conocimiento cuyos principales ejemplos eran extraídos de las ciencias.

Xirau R: Επιστμε. Ciencia. Teoría del conocimiento. Doctrina acerca del origen de las ideas, la estructura y la validez del conocimiento.

En ese rango taxonómico, N^I, tiene la particularidad ontológica de estar en la mejor disposición de conocer sus demás caracteres. Es por ello que esta neurona individual (N^I), cumple con requisitos de generalidades de célula nerviosa altamente evolucionada con diversas complejidades (respecto a las demás células de un organismo) y que tales dinámicas de sofisticada comunicación electroquímica, otorga propiedades termodinámicas diferentes para cada especialización neuronal asociada a la transferencia de información y a diversos procesamientos endosómicos.

El conocimiento que tienen los endosomas de su propio funcionamiento y el afán por cumplir a cabalidad sus misiones, son parte de los fundamentos de la epistemología neuronal. Es decir, si existen mecanismos intrínsecos intraneuronales de organización, estos deben ser extrapolados a grandes macrosistemas como el de un ser vivo, millones de veces más grande que ellos. Si cada endosoma sabe epigenéticamente que debe cumplir con una función para que esa parte de esa cadena se desempeñe en un proyecto mayor, es porque hay una conciencia de clase y una división del trabajo intraneuronal (Zambrano, 2012).

En el caso de la neurona conexionista (N^c) se explica, por supuesto, la capacidad conectiva, que tiene como herramienta fundamental a la selección. N^c, parece tener la ventaja y la predeterminación para escoger casi en forma intuitiva el momento de su conexión y a que célula transferir información. Tiene un carácter analítico-predictivo y podría encontrarse en la mayoría de las especificidades neuronales donde pueda funcionar, por ejemplo, como neurona

La Sublimación del Intelecto y la Neuroepistemología

GABAérgica o interactuar con otras estructuras que tienen actividad relevante integrativa dentro del sistema nervioso central y médula espinal donde se presentan mecanismos de inhibición presináptica. La intuición de N^c, es enunciada como característica de una eventual conciencia celular basada en sus actividades, pero fundamentada en su operatividad y grado de eficiencia en sus neuronas especializadas (N^{Eq}, N^{α}, y N^e).

La funcionalidad neuronal representada por N^f, descansa sobre la capacidad de ecualización neuronal (N^{Eq}), que es descrita como uno de los principios más importantes para que la N^I pueda ajustarse o adaptarse dentro de una red neuronal. Los detalles de la adecuación y regulación interna de las redes neuronales, y la precisión que se tiene para que un módulo neuronal logre su eficiencia máxima, traducen el complejo grado de sofisticación que implementan las columnas durante la comunicación nerviosa, para garantizar alta fidelidad en la transferencia de la información (Zambrano, 2012, 2014 d). Por lo tanto, la neurona funcional (N^f), *grosso modo,* ostenta la categoría de ser la garante de la sincronización neuronal. Este concepto de ecualización neuronal, debe ajustarse también porque las células nerviosas tratan

Neuronas Alfa

de optimizar constantemente sus recursos energéticos.

Las neuronas con más capacidad competitiva constituyen las neuronas alfa (N^{α}), que tienen como función primordial garantizar un funcionamiento de la red neuronal administrando la energía de un módulo, el cual debe otorgar capacidades selectivas e integrativas con otras micro o macrocolumnas. N^{α}, justifica su desempeño en el número y volumen de sus espinas dendríticas, lo que acredita mayor peso sináptico en el momento de la transferencia de la información.

Finalmente las neuronas expectantes (N^{e}), constituyen un grado de especialización de N^{α}. Tienen la responsabilidad de hacer valer al patrón fractal coincidente, pues de ellas depende la contingencia operativa y son las que deciden y preveen los eventos aleatorios de la comunicación neuronal. La importancia de N^{e}, dentro del contexto de la funcionalidad de la epistemología neuronal, es fundamental para comprender la importancia de la relación de las magnitudes espacio-temporales y la relatividad dependiente de la energía y de las leyes de la termodinámica que la rigen, sobretodo en su carácter entrópico.

La Sublimación del Intelecto y la Neuroepistemología

64.2 EXPECTACION NEURONAL

Una aplicación cognitiva para N^e, se analiza claramente en la figura 19.15. El equipo de Yasushi Miyashita en Hongo, Tokio; trabajando con primates no humanos, establece las bases para la memoria asociativa y sus grados de recuperación activa y automática (vía límbica), registrando electrofisiológicamente neuronas del cortex temporal inferior (Miyashita, 1993; Naya et al, 2003). Durante sus clásicos experimentos, entrenaron primates no humanos en el reconocimiento aleatorio de figuras fractales. En el momento de iniciar el protocolo, los animales debían identificar y asociar las figuras previamente memorizadas, hallando no solo capacidad selectiva en la población neuronal en estudio, sino también demostrando de forma elegante un comportamiento inhibitorio y un consecuente retraso en tiempo que se toman las neuronas para elegir la imagen ideal, configurando dos eventos fundamentales en la recuperación de datos mnésicos: la consolidación de la memoria y las asociaciones exitosas o no, que realizan un tipo de neuronas a los que ellos denominaron *pair-recall* o *pair coding neuron*, células especializadas en reconocimiento asociativo que obtienen datos desde archivos localizados en áreas corticales temporales (Sakai & Miyashita, 1991).

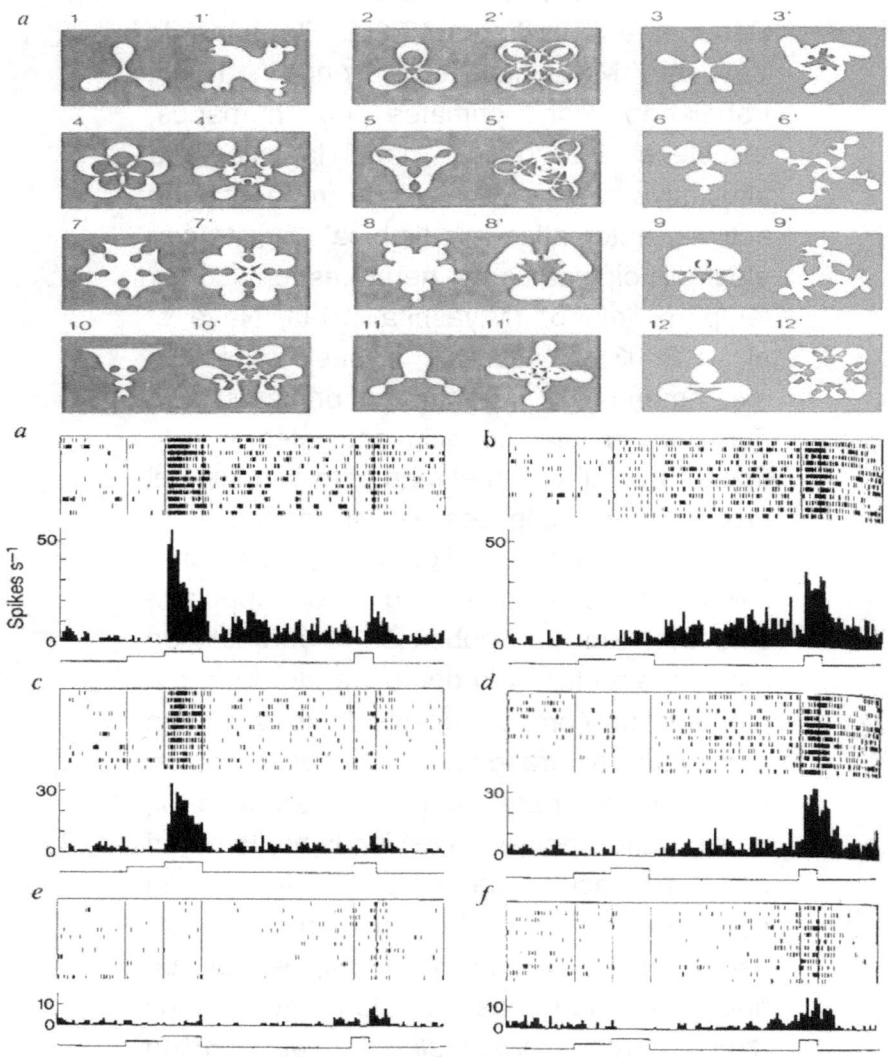

Fig 19.15. Neuronas especializadas en recordar.
Registros electrofisiológicos que evidencian el conjunto de respuestas neuronales del cortex temporal inferior al ser exigidas en tareas de asociación *(pair recall neuron)*. Con

La Sublimación del Intelecto y la Neuroepistemología

un intervalo entre 500 ms y 4 segundos, (retribución con jugo de frutas al responder correctamente a los 1200 ms de selección), cada una de las 24 figuras fractales previamente aprendidas (arriba) fueron presentadas en forma aleatoria para ser reconocidas por los sujetos en experimentación evaluando el almacenamiento de memoria a largo plazo, obteniéndose un porcentaje de éxito del 70%. En A, las neuronas responden fuertemente al recordar el patrón geométrico generalizado de las figuras. En B, la estabilización de la actividad neuronal al iniciar la tarea de codificación selectiva. En C, respuesta intensa con la modalidad asociativa de las figuras entre sí, mientras que en D, se evidencia el retraso en la respuesta de algunas neuronas y su actividad inhibitoria. En E y F, se utilizan figuras diferentes para las cuales no hay respuesta (Modificado de Sakai & Miyashita, 1991).

También, en otra función cerebral superior; N^e, puede adaptarse a las neuronas que forman parte de la red neuronal de la ínsula en el procesamiento de la lectura, presentando un patrón expectante en la articulación de la palabra, producidas por actividades premotoras de planeación mientras que se da el procedimiento de enlace visual y articular en un rango de milisegundos (Dronkers, 1996). El desempeño óptimo de N^e, es aplicable principalmente a funciones relativas al libre arbitrio, la discriminación de juicios con estructurada complejidad cognitiva, la atención selectiva y la memoria de trabajo que desarrollan competitivamente las neuronas piramidales especialmente

localizadas en el lóbulo frontal y en la corteza premotora medial, cuyo oficio converge en las tareas de anticipación *(Vide Infra)*.

Interesantemente, en la corteza premotora ventral y también en la corteza frontal infero-lateral (CFIL), se han descrito otro tipo de neuronas, que parecen estar en un nivel aún más epistémico. Se trata de las llamadas "neuronas en espejo" (Gallese & Goldman, 1998, Rizzolatti & Fogassi, 2014); una especie de neuronas simuladoras que entrarían en la categorización de las neuronas expectantes y con su forma de actuar como N^f, podrían incluso tener cualidades ecualizadoras; ya que al simular la acción-percepción de otras, probablemente logran más rápido la armonía por medio de mecanismos de relajación algorítmica o por simple uniformidad, especialmente en procesamiento del lenguaje. Igualmente se han discutido con objetividad, los fenómenos anticipatorios generados en las áreas intelectuales de la corteza prefrontal, con gran influencia en acciones predictivas motoras asociadas con fenomenología conciencial (Zambrano, 2012).

En términos anticipatorios o de expectación, un estudio sencillo a modo de tipificación taxonómica, similar al planteado

La Sublimación del Intelecto y la Neuroepistemología

por Ben Libet sobre la toma de decisiones *(Cfr.* Módulo 52, ver índice general), en esta clase de neuronas en espejo, se puede calcular el tiempo en que tarda una célula en decidir si simula la acción de otra o permanece inactivada, mediante registros electrofisiológicos específicos.

Basados en la neurotecnología, en este siglo, los científicos buscan constantemente la forma de otorgar cualidades de especialización a las neuronas. Tómese por caso, a ciertas células expertas en el reconocimiento de imágenes, ya sean, paisajes, sitios históricos, personajes o familia. Hoy se sabe que existen redes neuronales que se encienden al identificar el icono (Quian-Quiroga et al, 2005) y que se distinguen como neuronas conceptuales (Quiroga et al, 2012), que son sin duda un aporte claro al papel epistémico de las redes neuronales, es decir el conocimiento experiencial de las neuronas; en este caso, especializadas en memoria declarativa y traducción de un icono en concepto (Zambrano, 2014, i).

Así pues, también se describen células que manejan coordenadas cartesianas bidimensionales (Moser et al, 2008), es decir neuronas especialistas en el reconocimiento espacial del lugar en donde se encuentra un cerebro, como si fuera un dispositivo de navegación y localización GPS, llamadas células de posicionamiento (Moser & Moser, 2013, Moser et al, 2014a) y que pueden influir en los mecanismos de toma de decisión y de memoria de trabajo espacial; cualidades de alto orden conciencial (*Cfr.* Módulo 64.6.1 y Fig. 19.19).

64.3 PROTEOMICA COMPUTACIONAL Y ENGRAMA DE LA CONCIENCIA

Las perspectivas neurobiológicas para acceder a un utópico engrama conciencial dependen no solo de los planteamientos rigurosamente metodológicos de la neurofilosofía aplicada, sino también de algunas consideraciones éticas que permiten la interacción respetuosa entre lo orgánico y lo artificial. Ya que desde sus paradigmas comparativos, es relativamente idóneo establecer las diferencias de la fenomenología y sus estados predispuestos. Las herramientas computacionales y los modelos cibernéticos por ejemplo, permiten la aproximación hacia la comprensión de eventos aleatorios que pueden ser dependientes incluso del patrón fractal coincidente o de las variables *eigenvectoriales*.

La resultante final de la constante búsqueda de este particular engrama puede rayar la fenomenología inconsciente de la destrucción y de acuerdo con el epistema proteico, equivale a la maquinaria que se instala para ejercer la degradación. Las teorías proteómicas y la libre manipulación molecular desencadena sin duda, ciertas violaciones de la línea en las genealogías de la moral, ampliamente discutidas por Nietzche en relación con la concepción de su inintencionadamente genocida "superhombre".

El proteoma, asumiéndose como estructura conciencial del individuo, es inherente a su desempeño molecularmente predestinado. En lenguaje fenomenológico-filosófico (léase *noético-taxinómico*), cada epistema proteico cumple con la ley semántica de la correspondencia. Es decir, todo elemento particular debe concordar con la generalidad que lo enmarca. Así, el ya descrito proteasoma de Robert Huber, pertenece a la proteasa, el termosoma a las proteínas de choque calórico, etc. Cada uno de ellos, tiene como función desplegar funciones de programación de orden epistémico.

La dinámica intranuclear que se apoya en complejos proteicos como los *Nups*, imprimen seriamente un condicionante determinístico en la promoción genética del aprendizaje. Incluso ésta predeterminación se puede dar en modelos computacionales, ya que existe la programación genética cibernética sustentada en los programas robóticos para operadores genéticos. En este orden, es muy posible que se pueda comprender una nuevo nanodispositivo que genere las estructuras concienciales que se presentan en las neuronas talamo-corticales. En los programas que se inicializan para operadores cibernéticos en genética computacional, se aprecia la importancia de manejar aleatoriamente poblaciones de datos algorítmicos para ejecutarlos posteriormente en modelos de retropropagación (Ballard, 1997).

Las teorías perceptrónicas son demostrables actualmente un poco más allá de sus planteamientos originales y dependen en gran parte de la tecnología genómica computacional.

En este rubro, apoyados en los modelos de redes neuronales, los científicos han llegado a predecir modelos interesantes como el denominado «Neocognitron», que puede ejercer tareas de autoreparación en un modo no estocástico en capas escalonadas, basado en el conocimiento de sus unidades de transferencia (Fukushima, 1980, 2010).

La Sublimación del Intelecto y la Neuroepistemología

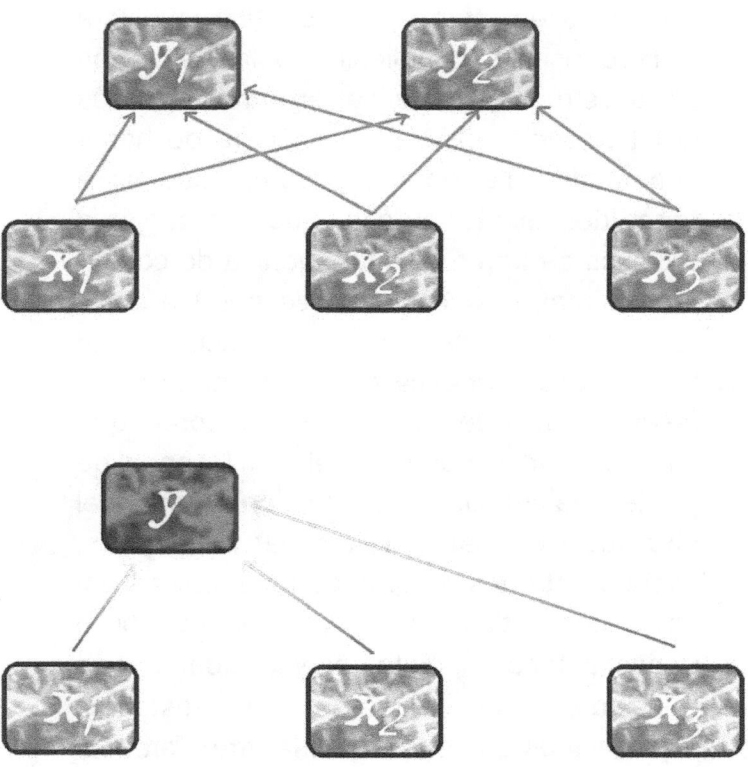

Fig. 19.16 El estudio de los perceptrones facilita la elucidación para visualizar fundamentalmente, la geometría asociada con los algoritmos presentes en la retropropagación que caracteriza los procesos del aprendizaje y la memoria.

El modelo perceptrónico por definición, ilustra capas superficiales en red separadas lineal e individualmente ($y_1 \sim y$), lo que establece una radical distinción con los modelos de funcionamiento neuronal que operan en series de capas multidimensionales.

El conjunto ilustrado arriba ($y_1 \sim y_2$), es una capa individual que retroalimenta positivamente la red en la cual, cada unidad *output* es determinada por una función umbral. Abajo, como cada unidad *output* es independiente entre sí, su comportamiento puede ser analizado particularmente (Modificado de Ballard, 1997).

Codificación y Predicción Proteíca

El problema de la codificación de la secuencia en informática genética involucra el reconocimiento helicoidal y la predicción de la estructura genética; en otras palabras la inteligencia artificial se encarga de hacer una media filiación del genoma, que sirve para identificarlo al estilo de los mejores archivos de una funcional agencia de control poblacional; lo que al final se traduce en la discriminación de una secuencia. La identificación genética se lleva a cabo en dos fases en la que se utilizan sensores que capturan individualmente el ADN capaz de predecir la señalización y función celular, y el otro que se encarga de diseñar promotores, exones, intrones y regiones intergénicas así como los sitios de *splicing* y de inicio transcripcional. Esta codificación puede realizarse de acuerdo a estadíos markovianos que existen en la transferencia de información (Zambrano, 2014 d), los cuales se hacen de forma aleatoria, o también en forma de redes neuronales o siguiendo estrictos organigramas de decisión (Wu & Mc Larty, 2000, Saçar et al, 2014).

La aplicación de la predicción de la estructura proteíca es frecuentemente usada como puente entre el plegamiento de las estructuras secundarias y terciarias (Saçar et al, 2014). Un 90% de los residuos secuenciales en la mayoría de las proteínas está involucrado entre proteínas

La Sublimación del Intelecto y la Neuroepistemología

secundarias, caracterizadas por α hélices y hebras β. La forma como puede predecirse gráficamente una estructura secundaria proteinal, se describe siguiendo los modelos de retropropagación computacional, bajo los mismos lineamientos desarrollados para comprender el funcionamiento de redes neuronales (Fig. 19.17), y su aplicación funcional se aprecia en la serie de figuras que aparecen en el módulo 63.

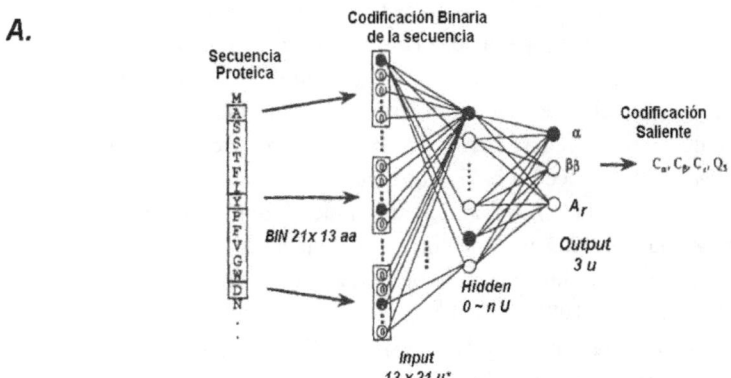

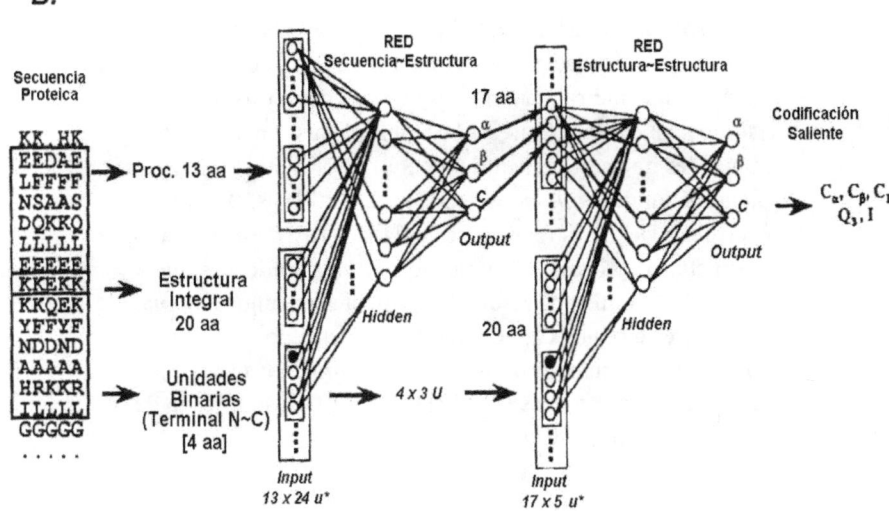

Modelos de Predicción en Proteínas

Fig. 19.17 Predicciones computacionales por codificación binaria aplicadas en la proteómica. Basados en las ventajas de los modelos de retropropagación utilizados en redes neuronales para explicar los procesos de aprendizaje desde perspectivas computacionales, se pueden extrapolar tales principios de interacción cibernética a actividades genómicas cuya síntesis de proteínas y plegamiento proteico, nos sirven como aproximación analítica al vasto campo que ofrece el conocimiento funcional del proteoma, incluso en estructuras terciarias y cuaternarias. En A). Estudios iniciales en informática genómica, recurren a los perceptrones para desarrollar sistemas de codificación binaria *(BIN)*, presentes en las tres capas de retropropagación *(Input, Hidden, Output)*. El *input*, procesa en 21 unidades binarias (U^*) la secuenciación de 13 aminoacidos. α, identifica la helicación proteíca tras el procesamiento intermedio o *hidden*, *β*, traduce las hebras que caracterizan al proteoma y **Ar**, es el anillado *random,* el enrollamiento que generan las proteínas de forma aleatoria para facilitar tareas de plegamiento o de síntesis de proteínas (Adaptado de Quian & Sejnowsky 1988). En B). Un programa de alineamiento de secuenciación que articula la predicción útil para la conformación de una estructura secundaria. En la primera (RED Secuencia ~ Estructura), se ejecuta un perfil de 24 unidades *input* para 13 aa (*13* x *24 U**), cuyo "vector" tiene a su vez 20 unidades *input,* más las dos unidades binarias para cada radical amino (N) y carboxilo (C) de la secuencia: [4 aa], que debe multiplicarse por las tres unidades de procesamiento (4 x 3 u). Por tanto, el número total de unidades *input* asciende a: (24 x 13) + 20 + 12. El correlato de la estructura secundaria, (RED estructura ~ estructura), procesa 17 aminoácidos en 5 unidades *input (5x17)*. Los mismos resultados presentes en ambos *output*, (α, β y el circuito C), son válidos para las dos estructuras proteícas. El número de unidades del *input* en el segundo modelo, sería entonces (5 x 17) + 20 + 12. (Modificado de Wu & McLarty, 2001).

La Sublimación del Intelecto y la Neuroepistemología

El acceso a la conciencia desde un punto de vista computacional y fisico-reduccionista ha sido revisado en detalle previamente (Jackendoff, 1987; Hameroff, 2001, Stapp, 2003, Zambrano, 2012). En forma más topográfica e integral, existen modelos cibernéticos por los que se puede inferir que hay fuertes evidencias para pensar que el procesamiento de un evento conciencial como es el de la representación de imágenes y codificación espacial de las mismas, sea responsabilidad de la corteza parietal posterior, ya que en ella trasciende la transformación coordinada del enfoque ocular que percibe el entorno, además de la confluencia sensorial audiovisual (Pouget & Sejnowsky, 1997). Debemos recordar que estas informaciones de alto orden, son codificadas a gran velocidad para cada una de las cortezas de procesamiento; por ejemplo, la toma de decisiones en la corteza orbitofrontal se lleva a cabo en la CPF a una velocidad de 120-160 ms, mientras que una descripción visual de un color oscila entre 40 y 100 ms, ya que un primate puede procesar exitosamente en promedio, 50 imágenes por segundo, a nivel de retina *(Zambrano, 2014, L)*

El cálculo de estas y otras estadísticas neuronales, nos acercan a una especie de máquina que tiene varias características rigurosamente constatadas desde un punto de vista físico. Estas situaciones científicas consideran que un "autómata", en el más puro concepto de Turing y correligionarios, puede ser consciente si su *descripción óptima* desde el punto de vista organizacional es apropiada, pero tal categoría depende de las variables en sus experiencias y de su capacidad para discriminarlas y codificarlas, lo que constituye una divergencia filosófica que puede plantearse como *qualia ausente* o *qualia invertida* (Block & Fodor, 1972); obedeciendo a patrones que deben modificarse continuamente basados en la optimización y categorización de las mencionadas experiencias (Chalmers, 1995).

Por lo tanto, para que un análisis de factibilidad sea comprensible, se debe coincidir en los códigos que forman parte de un lenguaje de acceso a la ciencia de la conciencia, y en estos casos; los científicos se basan en las herramientas de la Genética, Nanotecnología y Robótica (GNR) que ayudan a aproximar el problema que se suscita entre la conciencia del hombre y de las máquinas, basado en el dilema neuroepistemológico del hombre-máquina (Zambrano, 2012), donde se estudian las redes neuronales que estructuran el *sí mismo* (Zambrano, 2014 C) y los modelos maquinales a los que se les atribuye conciencia (Putnam, 1967) incluyendo las propuestas de qualia computacional (Tononi, 2008).

64.4 EXPLORANDO MÁS ALLÁ DE LA SUBJETIVIDAD

Por ejemplo, a la cualidad subjetiva de la experiencia, Saul Kripke le llamó "carácter fenomenológico inmediato", apuntando hacia aquella subjetividad *tipo* que "necesariamente" emerge en ciertos estados cerebrales, refiriéndose al dolor como una contingencia de la dualidad mente-cerebro (Kripke, 1972). En este caso, el oficio filosófico recurre a la psicofísica para aproximarse al análisis de la conciencia fenoménica (Nagel, 1974). Es allí, donde el conjunto de subjetividades como los *qualia*, adquiere su categoría controvertible y llega a considerarse polémicamente, más como obstáculo, que como un camino viable de estudio.

Suponiendo que uno de los elementos subjetivos sea aplicable a la identificación de lo que vemos, por ejemplo en el caso del color; aún existen muchos fenómenos - incluso los relacionados con estados amplificados concienciales- que como bien vislumbraron Bergson, Husserl y

Más Allá de la Subjetividad

Wittgenstein, son propios de la interpretación de cada cerebro y del lenguaje con que se expresen[11]. De allí que las vertientes de tan coyunturales ideas sean hoy, el sustento de las teorías epifenomenológicas y de la heterofenomenología que Daniel Dennett ha promovido por más de tres décadas desde su Centro de Estudios Cognitivos en Massachussets, donde los *qualia* vagan insepultos – transitando "como robomary por su casa" –, entre las acepciones de los modelos artificiales del intelecto o clamando por una suerte de perspectiva ontológica que concibe el dualismo del *trascender* o del no existir[12].

Entonces, ¿son realmente los *qualia*, un manifiesto de la subjetividad enmascarado en la conciencia? Los orientales piensan en la indivisibilidad del

---

[11] Dice Husserl: Todo "Yo" vive sus vivencias y en estas, hay encerrados muy variados ingredientes y componentes intencionales (*§77*, Husserl, 1913).

[12] Las experiencias subjetivas en los diversos estados mentales, constituyen la construcción de los *qualia* cuyas propiedades (inefabilidad, intrinsecalidad, privacidad y ser directa o inmediatamente aprehensibles por la conciencia), pueden o no, existir. [A partir de *Content and Consciousness* (1969) en sus primeras argumentaciones filosóficas; *Quining Qualia (1988)*, donde Dennett, enuncia la consideración polémica de que los *qualia*, no existen, basado en una concepción ontológica (presentada por primera vez en Noviembre de 1978 en el colegio universitario londinense, UCL) y *Sweet Dreams, Philosophical Obstacles to a Science of Consciousness (2005)* que describe a "Mary", el personaje epifenoménico de Jackson, 1982; pero ahora con cualidades robóticas].

cuerpo y la mente. Éste fundamento puede tener cabida en las teorías de la metafísica retando al tiempo, y a sus relativos conceptos.

Para algunos estados mentales asociados a la mística, mientras la mente no se separara del cuerpo, el individuo puede navegar con pasaporte trashumante a través de varias dimensiones y confines del universo sin pedirle permiso a nadie. Estos eventos, pueden ser determinados por la unidad del "*sí mismo*" en una especie de interfase que tiene un mecanismo constantemente inhibido y que es activado por procesos concienciales aún no demostrados en sus concepciones no neuronales, excepto para los mecanismos del sueño como bien acota Allan Hobson; es decir con una cualidad operativa que está relacionada con los estados amplificados de la conciencia (Zambrano 2014 A, B).

Los expertos en este tipo de discusiones enfilan sus baterías de raciocinio hacia los fenómenos asociados a la fenomenología clásica y se escudan en las ensoñaciones, las fantasías y demás productos asociados a lo que los frenólogos clásicos concebían como un centro neural de la Fé; lo que Spurzheim y Gall, describían (casi a la altura del giro cingulado y el cuerpo calloso) como el sitial encefálico de la esperanza, la espiritualidad y la conciencia, e incluso la sublimación (Ver portada Libro 4, de esta colección, Zambrano, 2014 N). El mismo John Eccles, en una magistral aproximación filosófica y como tributo a su pasión: la mente humana; no duda en aseverar la importancia de la coyuntura que debe permanecer constante entre la fé y las creencias fundamentadas del pensamiento científico. Muy en su personal estilo, abarca temas que incluyen igualmente al altruismo, como a la ciencia y sus valores, el libre arbitrio y hasta la inmortalidad y la religión (Eccles, 1980).

En la actualidad, esta paradoja que nos acerca al rescate de algunas ideas de antaño, como la misma intencionalidad prevista por Dennett, Searle y Chalmers, es solo consecuencia de una formalización de diversas observaciones sobre el yo y la tercera persona, subordinada al entorno conciencial. Douglas Hofstadter, visionario profesor de ciencias cognitivas y computacionales de la Universidad de Indiana, es de la firme creencia que el hombre no puede ver su propia imagen a menos que sea por vía externa, y tal representación nunca es igual al original, semejando sus apreciaciones con los principios intuitivos y concienciales-perceptivos que describiera Henri Bergson hace unas décadas. De acuerdo con sus escritos, la intencionalidad es un capítulo inmerso entre el puente de la objetividad y la subjetividad en el que la tarea inmediata para resolver tal dilema, obedece a estipular sus limitantes, pese a que entre ellos, persiste la vulnerabilidad ineludible del sentido de un algo existente - un extraño circuito de dos niveles - entre la conciencia y el alma (Hofstadter & Dennett, 2001).

Si las presunciones sugeridas por algunos filósofos como Thomas Metzinger, Daniel Dennett y otros pensadores, tienen cierta lógica; entonces se considerarían los *qualia* como entidades teóricas pertenecientes a la ficción (Metzinger, 2003, Dennett 1988 y 2005). Si esto es así, la existencia de un acceso a la conciencia se tambalea por el lado *qualia*~dependiente; pero por el otro, conforma una muy interesante posición para su estudio, donde el abordaje no dependería del constructo de las sensaciones subjetivas y se acercaría, tal vez, al modelo del autómata probabilístico de Putnam (ahora más intencionado y con capacidad de libre arbitrio). Ante esta contingencia, es probable que hayamos creado tal amalgama conciencial y que bajo ciertas reglas de permanencia en nuestra mente, se pudiese así explicar el procesamiento de las sensaciones subjetivas, semejando la misma posición de la física teórica respecto a la relatividad del tiempo.

Asumiendo la participación de unidades orgánicas (llámense neuronas, micro o macrocolumnas) que procesen la subjetividad, entonces emergen los "epistemas grabados" asociados a engranajes moleculares y ostentando dos acepciones. Una, que pueden ser predeterminados genéticamente (*"solo procesamos experiencial y privadamente – de forma inefable –, los datos que pueden ser percibidos por neuronas sensoriales con proteínas especializadas que predeterminan su acción"*) o infundados por las experiencias previas gracias al concurso del robustecimiento sináptico como mecanismos de aprendizaje. «Si creemos sentir, entonces sentimos» (Ver fig. 19.1).

Una certidumbre neurofisiológica que se aproximaría a probar psicofísicamente la viabilidad de esta posición, responde sin duda, a las elegantes innovaciones experimentales que han revolucionado durante la última década, el concepto de la decodificación de las sensopercepciones, evidenciada en primates no humanos (Luna *et al*, 2005, De la Fuente & Romo, 2014, Fetsch et al, 2014). Los categóricos hallazgos en este campo de investigación,

La Sublimación del Intelecto y la Neuroepistemología

se fundamentan en la identificación de las propiedades neuronales de la corteza somatosensorial y de las columnas involucradas en el procesamiento de la discriminación sensorial, advirtiendo que, mediante el recurso de la microestimulación artificial, se pueden crear las condiciones idóneas para que el cerebro integre una información táctil diferente, a la que cree tocar y aún más interesante, sin tener ningún contacto con superficie alguna (Romo *et al*, 1998).

Experimentos recientes en primates, en los que por microestimulación, se les exploran neuronas sensibles al movimiento de la corteza visual (MT / MST), hace inferir la intencionalidad del movimiento respecto a la actividad de redes neuronales de visión-percepción (Fetsch et al, 2014) y a la consecuente activación intercortical de redes que asocian la toma de decisiones. Estos protocolos apuntan seriamente a dilucidar al menos una parte del profundo problema de la subjetividad como clave de acceso a la conciencia, sobretodo en el campo perceptual somatosensorial; donde diversas neuronas localizadas en el lóbulo frontal – responsables de funciones intuitivas de planeación, toma de decisiones y atención–, están íntimamente relacionadas con el procesamiento subjetivo concerniente a la discriminación sensorial vibrotáctil, donde la corteza premotora medial, tiene una participación determinante (De la Fuente & Romo, 2005). Aún más allá de la problemática la transformación gradual de una representación sensorial, los investigadores registraron por separado, las neuronas de corteza premotora ventral, S1 (3b, 2 , 5) y S2 del hemisferio izquierdo, así como área cortical premotora medial y dorsal bilateral principalmente, llegando a la conclusión que tales experiencias subjetivas, son estructuradas gradualmente a través del cortex premotor del lóbulo frontal, con el beneplácito de las redes neuronas sensoriales S1, S2 del lóbulo parietal (De la Fuente & Romo, 2006).

Para que se procesen las experiencias en función de conciencia, debe existir, además, una coherencia neuronal a 40 hz y reflejarse en el circuito tálamo-cortical, específicamente entre el núcleo intralaminar y la capa IV de la corteza. Eso indica que eventualmente, la integración sensorial y su contextualización ha sido captada por las demás neuronas especializadas del tálamo, quienes obviamente tienen una predisposición genética y funcional para procesar o no, determinada información, de acuerdo con la TEN (Ver Box, 19.2).

64.5 ACCESANDO AL PROBLEMA ONTOLÓGICO DEL HOMBRE-MÁQUINA.

El dilema de estudiar o enfrentar la probabilidad de existencia de conciencia en las máquinas, a partir del estudio de las redes neuronales que estructuran la conciencia en el humano, ha sido planteado y discutido previamente y se conoce como el problema neuroepistemológico hombre-máquina (Zambrano, 2012). Este protocolo, aborda la problemática epistemólogica y ontológica del ser, su devenir existencial, y el procesamiento cognitivo-emocional del individuo, con temas como la toma de decisiones, el libre arbitrio y los mecanismos de recompensa, además de todos los procesos asociados a la traducción neurocognitiva de las sensopercepciones y sus implicaciones afectivas.

La inteligencia artificial puede estar ontológicamente destinada a eliminar la conciencia humana, es decir, las ganas afectivas de vivir del individuo. Una inteligencia artificial no permite la automutilación afectiva y optimiza estas debacles del sistema límbico en operaciones concretas. Mientras el cerebro permanezca cubierto de su naturaleza humana o por lo menos, de su estructura tisular; existe la probabilidad de mantener estados perceptivos biológicos que estimulen emociones, a diferencia de la percepción cibernética. Garantizando así, la esperanza única que fundamenta la utópica teorización que el cerebro humano esté por encima de la inteligencia artificial, al menos en el procesamiento afectivo-emocional.

Siguiendo en el contexto de una virtual apología ontológica a la anterior premisa, las contribuciones en este aspecto, pueden remitirnos incluso hasta la escuela peripatética. Cánones no basados en la *filosofía primera*[13] de la metafísica aristotélica donde la sustancia (influenciada por Platón) es el objetivo de sus descripciones, sino en una acepción más humana, tal y como lo trabaja en la segunda parte de su obra -después de ser mentor de Alejandro Magno por orden de Filipo II de Macedonia-, es decir, en la potencialidad del ser. En este aspecto, el epistema proteico, por tanto, tiene desde el punto de vista de la filosofía clásica, el sustrato de la fortaleza y la potencialidad y de él depende la omnipotencialidad molecular y por extensión ontológica, su inmortalidad.

---

[13] Los catorce libros de "metafísica" fueron compilados por Andrónico de Rodas. En su cronología (históricamente imprecisa), los estudios del estagirita dedicados a la filosofía primera, permanecían al lado de sus escritos sobre física.

La Sublimación del Intelecto y la Neuroepistemología

Las acotaciones de la filosofía clásica son parte sin duda de los preliminares actuales para avanzar hacia una ciencia de la conciencia. Las terminologías que disminuyen la sinuosa recta hacia tal aprehensión son ahora parte del enriquecimiento semántico que facilita conocer la realidad del problema desde diferentes ópticas. Entre los sustentos de la conciencia operativa, no solo resta gran participación para la comprensión de la imaginación, los alcances neurales de alto comando intelectual o de las *doxias* husserlianas, sino desde luego a la actitud intencional de tales creencias. A este respecto, por ejemplo, a Aristóteles también se le debe la primera noción de intencionalidad, en el capítulo XVII del libro I, de su obra "Gran Etica", que versa sobre la elección intencionada o la determinación consciente.

La volición y la intencionalidad parecen ir de la mano; y es considerable que en un nivel proteico exista algún tipo de tal intencionalidad respecto al plegamiento molecular. Así, la intencionalidad se analiza en filosofía de la mente, pero también en neuronas premotoras, que ostentan de manera categórica el patrón de intencionalidad en las redes neuronales, al modular actividades intuitivas, de planeación y de anticipación neuronal.

64.5.1 ERGOLOGÍA Y ERGONOMÍA CIBERNETICA

El sustrato de la ergología vs ergonomía cibernética[14] que subyace a la neuroepistemología, tiene sus fundamentos lógicos en el utilitarismo de sus partes; considerando que las disposiciones y rotaciones moleculares y fenómenos de acomodamiento que se dan en la interacción proteína-proteína, tienen una gran relevancia funcional y estructural. Una aplicación pragmática para la anterior descripción, es observable en la composición ergológica de la biomecánica[15], donde la eficaz comunión

---

[14] La ergología puede comprenderse como la ciencia del estudio del trabajo. Epistemológicamente, representa un macroproblema pues su terminología hispana ha sido absorbida por el concepto sajón de *"ergonomics"*, en una sombría función catalizadora de la llamada ingeniería de los factores humanos; ocupada de la higiene industrial, la salud ocupacional y la psicología industrial.

Ergología para este texto, representa el núcleo epistemológico-ontológico de la fisiología el trabajo, mientras que la ergonomía adquiere una categoría accidental funcionalista orientada hacia el cubrimiento de las prioridades básicas de la ingeniería industrial. La cibernética es una resultante operante propia de su inmanente e irreversible condición evolutiva.

[15] Italia ha fundido los estudios ergológicos, ergonómicos y cibernéticos llamándole sutilmente *Biomeccánica*, y Alemania la ha bautizado *Arbeitwissenschaft* (Ciencia del Trabajo). En algunos perfiles curriculares universitarios, se ha adaptado, *snob* e irresponsablemente, el término mercantilista de mecatrónica, justificando la conjunción tautológica entre la mecánica y la electrónica.

de los elementos maquinales operados intelectualmente y las actividades cotidianas, es capaz de modificar las conductas del individuo. La ergología en el campo del epistema proteico, podría ser por ahora, la piedra angular para concebir el tejido teórico-holístico que sustente la intencionalidad natural del trabajo. Esta es la simple razón para que los avances de la tecnología ofrezcan al individuo la garantía de la mecanización *a priori,* olvidando por momentos, por no decir por vidas, la supremacía biológica y la concepción creadora del individuo sobre la máquina.

    La parte propositiva de la ergología cibernética en éste planteamiento es por tanto, la eficacia de sus partes en bien del conjunto. Es probable que la genética a corto plazo se hermane con la tecnología algorítmica en una especie de confabulación robótica de carácter tecno-cibergenético, y el pensamiento racional se encuentre de frente con su análogo, el modelo de los humanos *knock-out* tal y como es citado en la reflexión de Edwin Weeber y David Sweatt justificando planteamientos neurobiológicos de algunas estructuras como la sinapsis o el amigdalocentrismo, bien defendido por Joseph LeDoux a través de sus escritos .

La Modificación del Ser

La utopía no lejana, en la que eventualmente se realizarían modificaciones puntuales de orden genético con objetivos terapéuticos y sobretodo preventivos en humanos, radica en una extrapolación tangencial de curso temporal, en la que se concibe de alguna manera, al objetivo de estudio original como base para modificar lo aparentemente inmodificable.

Los ratones *knock-out* ampliamente trabajados por el Nobel 1987 Susumo Tonegawa, como punto de partida para entender algunos padecimientos de origen neurodegenerativo y neuroinmune, así como también de los sistemas cognitivos implicados en los modelos de aprendizaje y memoria, son elementos sustanciales en los que la biología molecular, parece ser el elemento futurista para entender el problema conciencial del hombre y la máquina. El resto es el rasgo paleofuturista de la investigación. Es difícil elucidar en términos de conciencia moral, ética y filosófica; la divergencia de caminos que presenta la historia de la condición humana, que al final de su intelectualidad, por naturaleza siempre tenderá a la extinción, sobretodo en su categoría animal.

Un considerando de carácter objetivo, es sin duda, declarar que mente y personalidad dependen finalmente, de conexiones neuronales en constante patrón de disparo y del acoplamiento de hebras de ADN, que muestran con alto rigor organizacional, sistemas de transcripción de sorprendente exactitud y sin márgenes de error. –En genética clásica las enzimas encargadas de copiar idénticamente el mensaje transcripcional, como ARN polimerasa tienen la probabilidad de equivocarse una sola vez, en un millón de posibilidades–. Una concepción neurofilosófica con tintes evolucionistas, es la de replantear a donde conduce tanta tecnología; ya que el naturalismo *per sé*, demuestra tener, bajo algunas perspectivas, cierto grado de perfección.

64.5.2 CONSIDERACIONES PARA UN ABORDAJE NEUROONTOLOGICO DE LA CONCIENCIA

Los conceptos volicionistas y motivacionales, sean afines o no, a paradigmas cognitivos propios del condicionamiento operante tan favorecido por la neurobiología conductual y también por la comparativa; nos acercan cada vez más al monstruo robótico del complejo, rutinario y hasta predecible comportamiento humano; inclinado a los procesos de desensibilización, reflejando similaridades celulares de los sistemas del aprendizaje y memoria Kandelianos, que valieron el primer reconocimiento Nobel del tercer milenio; con todo y los fenómenos ambivalentes que nos presenta el devenir de la naturaleza biológica del hombre.

Los circuitos de recompensa cerebral epigenéticamente acomodados como unidades cibernéticas de refuerzo en conductas aprendidas, se hacen patentes cada vez más para los aspectos que en realidad envuelven a la definición de conciencia en su acepción más espiritual. ¿Existimos? Parece ser una mezcla de convergencias Sartrianas, Cartesianas y hasta Hamletianas.

Los existencialistas con métodos analíticos ontológicos-fenomenológicos del pasado siglo XX, como Heidegger, Merleau-Ponty, influenciados por Kierkegäärd y los que se deseen evocar, no estaban seguros de los adelantos que la neurobiología molecular nos comparte hoy. Por supuesto, sí tenían conciencia de los horrores de la guerra, los genocidios con sus experimentos para emular la raza del superhombre nietzcheano y las generaciones subsecuentes a los hijos de la lluvia radiactiva que hace apenas un par de décadas nos asustaban.

Sin embargo para Jürgen Habermas las puertas de la genética se abren a sus concepciones clásicas donde se dedica a rescatar algunas tesis metafísicas (Habermas, 1992) y posteriormente describe

La Sublimación del Intelecto y la Neuroepistemología

la probabilidad de concebir las respuestas postmetafísicas desde valores éticos como la moralización humana, su dignidad y las fronteras de una "eugenesia liberal" como una aproximación filosófica al futuro de la condición humana, en el que se enfrenta abiertamente al condicionante cercano de la pérdida de las libertades naturales predeterminadas y otros valores de alta calidad moral (Habermas, 2001). Hoy la ventana de las clonaciones embrionarias humanas realizadas por el grupo de José Cibelli en 2001, no nos dejan alternativa, estamos en el quicio que da entrada al texto. Es la perpetua destrucción del individuo, no se sabe si es para bien o para mal, es más, no se sabe si existe el bien y el mal, y en la genealogía de la moral, la conciencia parece tener un patrón de comportamiento errático!

En palabras crudas, o mejor, con la certidumbre que hereda el objetivo criticismo de una experiencia; efectivamente, estamos condenados genéticamente a planear, fraguar, contemplar y vivir, nuestra propia autodestrucción. El anterior enfoque, relativamente pragmático, al fin y al cabo más realista que vinculado con el idealismo, es el reflejo de los conmocionados momentos actuales en los que nuestro destino simplista y de manada, obedece a ordenes ajenas a nuestras conciencias, por más de que el *«sí mismo»*, quiera operar en la interacción positivo-constructivista con otros cerebros, como una forma de aplicar la ya descrita corriente que defiende "la teoría de la mente", que al final del túnel, viene siendo una medio más para comprender las perspectivas incipientes de la cada vez más comprometida, inteligencia social.

De hecho, el concepto de cerebro social *(Social Brain)*, y cognición social está siendo cada vez más utilizado durante este milenio para comprender las dinámicas de los individuos dentro de una comunidad, Frith, 2007; Adolphs, 2010, Forbes & Grafman, 2010), donde se discute neuroantropología, neurojurisprudencia, neuroeconomía, neuroética y demás *fiebres neuro*, incluida la neuromemética, apoyada en la relevancia y participación del individuo en redes sociocibernéticas en las que sus emociones juegan un papel importante en la toma de decisiones acaso afectivas (Zambrano, 2012), o en otras donde el cerebro social otorga un alto valor cognitivo a los valores de conciencia de clase, como la neuroeconomía o la neuropolítica.

Aunque es sabido que la emoción (asumida como factor de interacción social) y la cognición, son integradas bajo la actividad neuronal cortical de áreas prefrontales, (AB 9,10 y 46) esencialmente (Gray *et al*, 2002); es evidente que estas dos entidades de

La Sublimación del Intelecto y la Neuroepistemología

procesamiento de alto orden en común unión, conforman particularidades que se aproximan a un análisis de cómo se estructura la fluidez de la inteligencia general en relación con el carácter emergente de la conciencia, al menos en la disposición premotora individual (Zambrano, 2014 L). En ese aspecto la conciencia, solo es una herramienta encubierta pero necesaria, para el desarrollo de las cualidades cognitivas e intelectivas. Es decir, para integrar la fluidez en las habilidades intelectuales se necesita de la conciencia, pero ésta última puede emerger, simple e independientemente de tales capacidades intelectuales, aunque ellas estén conformadas primariamente por factores sustanciales como la emoción y el procesamiento cognitivo, tareas que –de *facto* – requieren para tal integración de la ejemplar sincronía intercolumnar que se aprecia entre las redes neuronales presentes en estructuras corticales (CPF y cortezas de asociación) y subcorticales (estructuras límbicas y talámicas).

Sólo desde un punto de vista comunitario, - el mismo que es regido para los sistemas algorítmicos por medio de la relajación de subsistemas en redes neuronales y donde (N^{Eq}) tiene su sitial inamovible - se pueden modificar ciertos comportamientos de masa y conjunto. En términos biofísicos clásicos, la masa tiene un componente químico y la carga depende de connotaciones eléctricas. Siguiendo el paradigma del dispositivo electroquímico, fielmente apegado a leyes de la termodinámica, nos colocaría en una función de trabajo. La ecuación que requiere un cuerpo para trasladarse de un sistema a otro. El epistema proteico por tanto constituye la analogía del individuo dentro de una comunidad, mientras que la personalidad de cada una de las neuronas que subsisten en los postulados de la epistemología neuronal, traduce la contemplación *noemática* que en óptimo caso de funcionalidad, apoyado en sus otras premisas; podría mediante sus cualidades selectivas otorgar una mejor calidad de subsistencia en la especie humana.

La conjunción ancestral molécula-neurona y su consecuente interacción con el entorno, son parte del supuesto ontológico que conlleva a considerar el enlace continuo de las neuronas con el resto del mundo. El sistema sensorial y el cúmulo de sus inextinguibles receptores membranales funcionan como la interfase ideal que garantiza el buen procesamiento de las percepciones. Todo dentro de una metaorganización bien estructurada, predeterminada y que tiende por naturaleza a una magistral orquestación apoyada en una precisa coherencia neuronal.

Lo anterior, explica de forma global que toda neurona tiene un conocimiento predestinado molecularmente, para trabajar en red y transferir información de manera precisa y adecuada, constituyendo el sustento más pragmático de la neuroepistemología y por supuesto de la TEN (Zambrano, 2012; 2014 d).

64.6 LA SOFISTICADA EPISTEMOLOGIA NEURONAL

El paradigma demostrativo que inicial y experimentalmente apoya esta sincrónica conectividad multidimensional, cuyo ensamble identifica una sofisticada diligencia sináptica (relacionada con eventos concienciales) entre neuronas con reconocida participación en tareas cognitivas, como las interneuronas GABAérgicas (Roux & Buzsàki, 2015) y células piramidales; residiría en una serie de bases "sinaptodinámicas" que adaptadas a la neuroepistemología, pudieran considerarse como una eventual clave de acceso para estudiar la conciencia con sustento científico (Ver figura 19.18).

La Sofisticada Epistemología Neuronal

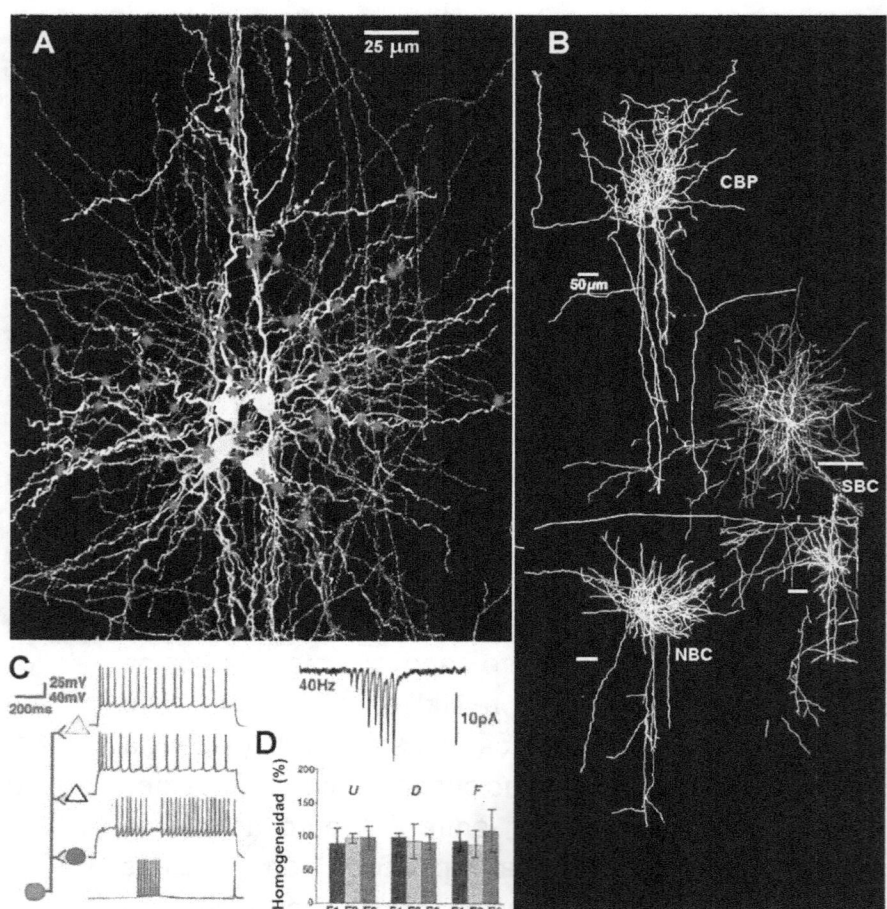

Fig. 19.18 Actividad Sináptica Simultánea de Neuronas Especializadas Implicadas en el Procesamiento Conciencial. Con técnicas de *patch-clamp*, se realizaron cerca de 800 registros polisimultáneos (3 y 4 electrodos) en capas II a IV de la corteza somatosensorial. Se analizó por reconstrucción computacional tridimensional, la complejidad conectiva existente entre interneuronas GABAérgicas y células piramidales. Para favorecer el reconocimiento de las conexiones reportadas (Ver Texto), se utilizó tinción de biocitina. En la gráfica A), una célula pequeña de canasta (SBC) interactúa con tres células piramidales. Las señales rojas traducen diversidad de conexiones caracterizadas fisiológicamente que adaptan comportamientos presinápticos (amarillo) y postsinápticos (blanco). B), muestra las interneuronas GABAérgicas: CBP,

La Sublimación del Intelecto y la Neuroepistemología

células bipenachadas; SBC, las células de canasta cuyo soma promedio es menor a 15 micras; y NBC (Por sus siglas en inglés, *Nest Basket Cells)*. Soma y dendritas (azul). Arborización axonal (amarillo), todas las barras escalares indican 50 μm. En C), los registros electrofisiológicos señalan que las interneuronas GABAérgicas buscan su afinidad de oscilación con otras neuronas para interactuar y así seleccionan sus grupos o redes para establecer sinapsis y producir frecuencias de 40 hz. Las neuronas piramidales (triángulos) desarrollan "expectación" mientras que se genera el momento de la interacción con un grupo de intrerneuronas GABAérgicas (círculo). En D), tres tipos de respuestas sinápticas y su grado de homogeneidad. F1, facilitación sináptica; F2, depresión sináptica y F3, la recuperación rápida de la depresión sináptica y un estado breve de facilitación. La depresión sináptica se observó en trazos oscilatorios menores a 5 hz y la facilitación, -el estado registrado más comúnmente, se identificó con frecuencias altas (más de 40 hz). (F y D, son constantes de tiempo que relacionan la facilitación y la depresión sináptica, mientras que U, es un promedio probabilístico asociado a la liberación de neurotransmisores). La imagen en su conjunto, ilustra el cumplimiento del principio de homogeneidad sináptica en el que las interneuronas GABAérgicas tienen dinámicas temporales de transmisión similares a las de sus "blancos de conexión"; reflejando la cualidad inherente del patrón fractal coincidente en función del tiempo y la contingencia vectorial que sustenta los postulados operativos y ecuacionales espacio-temporales de la Teoría de la Epistemología Neuronal (TEN). Apréciese la funcionalidad selectiva de cada estirpe neuronal, corroborada electrofisiológicamente en el momento de la interacción pre~postsináptica en un tiempo exacto como si existiese un mapeo previo de carácter expectante (A partir de Gupta *et al*, 2000).

Se trata de habilitar óptimamente el trabajo de Anirudh Gupta, Yun Wang y Henry Markram del departamento de Neurobiología del Instituto Weizmann en Rehovot, Israel; quienes registrando 240 entre un promedio de tres mil potenciales conexiones de estas conjunciones celulares de la corteza somatosensorial, convergen en la presentación de tres conceptos:

Yuri Zambrano

Acoplamiento Neuronal Epistémico

1. El principio del mapeo sináptico, tras tipificar electrofisiológicamente y anatómicamente estas conexiones, permite plantear reglas precisas que consideran el tiempo preciso utilizado por las neuronas para establecer un acoplamiento ventajoso para ambas partes (sistemas interneuronales o piramidales) o para una red.

2. El principio de Interacción sináptica, apoyado en que la naturaleza fenotípica de las neuronas pre y postsinápticas, involucra la formación de tipos de sinapsis; reiterando que las capacidades combinatorias entre dos neuronas maximizan la diversidad sináptica y,

3. El principio de "Homogeneidad Sináptica", sustentado en las dinámicas de transmisión temporalmente homogéneas (Gupta *et al*, 2000); es decir, donde se requiere de las particularidades epistémicas de cada neurona para ejecutar tareas de selectividad y expectancia operativa, planteadas en la TEN y alimentadas por la obligatoriedad coincidente del patrón fractal ($\female$), en un contexto espacio-temporal.

La Sublimación del Intelecto y la Neuroepistemología

La integración de tareas neuronales de alto orden, como las descritas en la figura 19.18, demuestran el grado de capacidad neuronal para trabajar coherentemente en milisegundos y más aún en oscilaciones neurobiológicas que oscilan los 40 Hz (Markram et al, 2004), o sea, la frecuencia en la que canónicamente emerge la conciencia (ver Tabla 19.2).

Sin embargo, estos modelos epistémicos neuronales, donde se demuestra una alta evolución celular, no solo a nivel de redes dentro de un lóbulo cerebral, pueden servir también para cumplir complejas tareas de alta cognición conciencial, como es el caso de la orientación del individuo a nivel espacial, donde columnas neurales especializadas integran tareas similares a las de los sistemas de posicionamiento geográfico por coordenadas, para ir de un lugar a otro.

64.6.1 LAS CELULAS DE POSICIONAMIENTO Y EL *INN* (♀), UN PASO ADELANTE EN EL GPS DE REDES NEURONALES

El hecho de que haya células especialistas en diseñar mapas, para que nosotros nos podamos orientar en el espacio, tomar decisiones del "dónde estamos", y archivar una memoria sobre determinado sitio; obliga a entrar en el laberinto de, cómo se comunican las neuronas cuando requieren concretar sofisticadas y complejas tareas de procesamiento y de archivo visuo-espacial.

Cuando John O' Keefe, hace más de 40 años observó, junto con John Dostrovsky, que células del hipocampo estimuladas eléctricamente, podían ayudar a definir una situación espacial para decir "aquí estoy" (O'Keefe, 1971), se realizaron una serie de protocolos para determinar una fuente de mapeo en el que las especies menores ubicaban y solucionaban problemas visuo-espaciales en condiciones de experimentación (O'Keefe & Nadel, 1978).

Posteriormente su investigador visitante Edvard Moser con su grupo de trabajo y May-Britt Moser –hoy premio Nóbel-, lograron descifrar redes en la corteza entorrinal (Hafting et al, 2005) que integran un sistema de navegación neuronal por coordenadas (*Grid neurons*), en el que células con "epistema espacial" pueden establecer el entorno de lo que registran diversas redes neuronales hipocampales, como un eficiente sistema de posicionamiento cerebral que orienta nuestros movimientos (Moser et al, 2008; Moser & Moser, 2013; Moser et al, 2014b).

La Sublimación del Intelecto y la Neuroepistemología

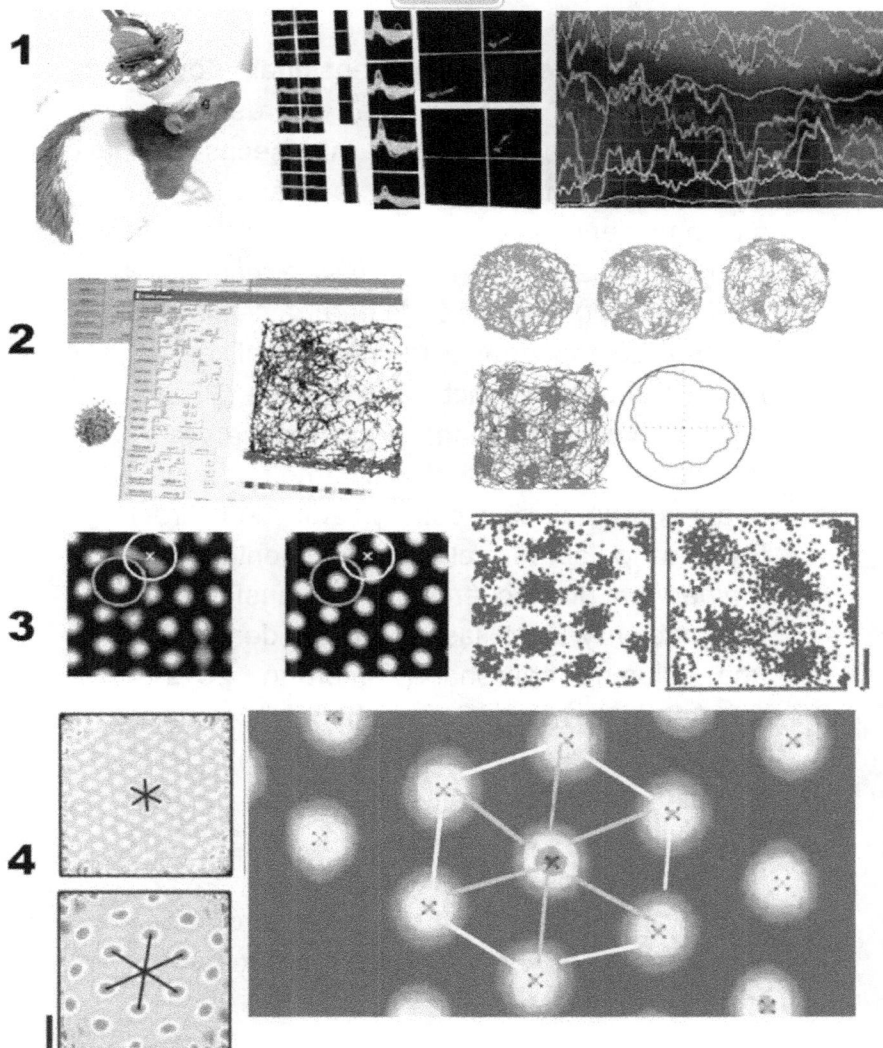

Fig. 19.19 Evidenciando los mecanismos del GPS neuronal. En línea 1, protocolo experimental con electrodos y multitraducción de la actividad neuronal 2) Simulación computacional (puntos rojos) con registro unicelular de actividad inhibitoria (W_0, -0,01 a 0,04) y radio de 10, 15 y 20 u. Abajo, se muestra la actividad hipocampal excitatoria (puntos azules) débil e intensa. 3) índice de conexión a 100 y 500 ms con dos tipos de neuronas (en círculo) en plano dorsoventral. 4) Dinámicas vectoriales y hexagonales que explican la potencial aplicación fractal y coincidental de la TEN, con gran simetría triangular en este modelo de orientación espacial. (A partir de Moser et al, 2008 y Moser & Moser, 2013).

Mecanismos de Posicionamiento Cerebral

La manera de dimensionar cómo funciona este sistema de coordenadas ajustado a las dinámicas intrínsecas de redes neuronales, es aplicando el funcionamiento de modelos computacionales. Una de las formas que identifica, el *qué* y el *dónde* de una célula en un espacio topográfico tridimensional, es el *Inn* (♀), o Patrón Fractal Coincidente (PFC), aquella variable cuántico-algorítmica que determina espacio-temporalmente *cuándo*, una neurona decide comunicarse con otra. En otras palabras, el *Inn* (♀), identifica el *momentum* preciso en que se transfiere la información y ubica las dinámicas dentro de una columna neuronal (Zambrano, 2012), integrando mecanismos hebbianos de retroalimentación (Hebb, 1949) en geometrías fractalmente dispuestas entre diversas capas neuronales, que garantizan funcionamientos tridimensionales XYZ (Zambrano, 2012, 2014 d), de acuerdo con el planteamiento de navegación neuronal de los esposos Moser.

De este modo, estas neuronas especialistas en determinar sistemas de navegación, como si fueran un GPS intrared neuronal, mayormente estudiadas en la corteza entorrinal del hipocampo crean una especie de mapa en ritmos theta (θ) de baja frecuencia (Buszáki & Moser, 2013). Así siguen el camino de las múltiples conexiones destinadas a procesar y almacenar eventos memorables (Zambrano, 2014, H) y sirven para establecer mecanismos de memoria espacial y actividad inmediata premotora y predictiva, que nos dicen como orientarnos en el espacio.

64.6.1.1 COMO OPERA EL *INN* (♀), RESPECTO A LOS SISTEMAS DE NAVEGACIÓN INTRARED?

El mapeo de funcionamiento de determinada red neuronal, en este caso circunscrito al hipocampo, en su cortex entorrinal, es un avance en el conocimiento que tienen las neuronas de su propio entorno. Un paradigma que demuestra una vez más, que cumplen con los preceptos de la Teoría de la Epistemología Neuronal (TEN), en la que existen especialidades funcionales para cada neurona, en este caso a células de alta evolución con capacidad de ecualización dentro de una misma red (Hinton et al, 1986; Hinton & Sejnowsky 2001; Zambrano, 2014 D), que integran sustancialmente funciones concienciales de alto orden, como las tareas premotoras, pre-atentivas, intuitivas, cognitivas, de memoria de trabajo espacial o el cálculo analítico y comparativo de funciones espaciales en tiempo real.

Cuando una columna neuronal, molecularmente programada se acomoda en ciertas áreas del cerebro, cada una de estas células tiene una función especializada genéticamente predeterminada (*Cfr.* Módulo 63). En el caso de las células que implementan las tareas de posicionamiento espacial del individuo, varios reportes indican que estas neuronas *per sé*, tienen un comportamiento proclive a la geometría hexagonal, similar al de un tablero de damas chinas (Moser & Moser, 2013, Moser et al, 2014 a) y a comportamientos rápidos y estocásticos que pueden ser identificados en su comportamiento con ayuda del *Inn* (Zambrano, 2014, d). La fórmula de la TEN y el Patrón Fractal Coincidente (*Inn*, ♀), tiene la capacidad espacio-temporal, algorítmica y computacional para resolver los problemas de dinámicas caóticas (Zambrano, 2012) que se observan en redes de la corteza entorrinal (Moser et al, 2008; Buszáki & Moser, 2013).

En este caso, hay que determinar el epistema neuronal de cada una de estas células. Dentro de las mismas redes, habrán células encargadas de guardar esas coordenadas, mientras otras se dedican a procesamiento visuoespacial y otras a memoria de trabajo visuoespacial, que transfieren información en milisegundos a otras redes, incluso de áreas occipitales o de corteza prefrontal, haciendo uso de oscilaciones neuronales y de específicas redes de neuronas aminérgicas y GABAérgicas (Zambrano, 2012). En este tipo de células que se especializan en coordenadas, hay unas que reconocen los bordes y límites de un espacio y se encienden de manera simultánea antes de entrar a un campo, como una suerte de neuronas delimitadoras. Igual, existen células especializadas en toma de decisiones cuando una animal en experimentación reconoce un muro de un laberinto e implementa mecanismos de memoria en milisegundos, para poder llegar a un objetivo (salir del laberinto, o encontrar la recompensa en un alimento).

La funcionalidad del *Inn*, en este caso es tautológica, debido a su relevancia y operatividad dentro de la TEN. Es decir, ($\mathcal{Q}$), establece los mecanismos de comunicación entre redes y puede detectar, gracias a su componente probabilisitico y fractal (ver Fórmula 19.1) la localización espacial y predecir la intencionalidad dinámica y vectorial de las células dentro de una columna o red neuronal. De manera tácita, es menester explicar que ($\mathcal{Q}$), es parte de la unidad $\mathcal{Q}/v$, que garantiza la efectividad espacio temporal respecto del tiempo (t) y a la unidad p^{n+1}, que explica en términos probabilísticos la intencionalidad de, hacia dónde viajará la información (Zambrano, 2012, 2014 D). Recuérdese que dicha información, es integrada en *clusters* o paquetes procesales, con dinámicas hexagonales y probablemente hebbianas, como indica la figura 19.19, operando en el empaquetamiento de la información, solo para este tipo de neuronas entorrinales (Moser et al, 2014 a). De esta forma, se explica que el *Inn,* es igualmente, un muy sofisticado sistema de posicionamiento que determina la eficiencia y pragmatismo de la funcionalidad global de las redes neuronales intersistémicas, cortico y subcorticales.

64.7 APROXIMACIONES NEUROEPISTEMICAS A LA SENSOPERCEPCIÓN SUBJETIVA

Además de los reportes previamente discutidos de Ben Libet sobre la importancia la toma de decisiones -en un momento adecuado- en el individuo consciente, un reciente y elegante experimento, que se asocia con los lineamientos teóricos de Semir Zeki, autoridad en el campo de las neurociencias cognitivas; sugiere que el inicio de un fenómeno conciencial surge en la corteza visual primaria V1, pues a los 100 ms se realizan los más rápidos eventos de procesamiento sensorial (Super *et al*, 2003,

Zeki, 2003), que pueden coincidir en estados atencionales u otras actividades premotoras (Pins & ffyche & 2003).

Dado que el procesamiento de la integración conciencial, es una tarea cardinalmente premotora, debemos asumir que la naturaleza de las percepciones, son ineludiblemente inmanentes a la materia y a las reacciones físico-químicas existentes en el cerebro.

De otra forma, no se pueden concebir fenómenos como la generación del pensamiento, así como las variables y grados de imaginación, incluyendo la creatividad, la intelectualidad; o tareas más autocríticas como la autorreflexión, el libre arbitrio y la toma de decisiones. La ilusoria concepción de plasmar la búsqueda de un engrama para la ubicación frenológica de la conciencia, nos ubica de nuevo en el escenario jerárquico donde la epistemología neuronal juega su papel preponderante. Es decir, la neuroepistemología procura las herramientas suficientes para abordar objetivamente los problemas que se suscitan entre las perspectivas de la primera y la tercera persona (PPP-PTP), especialmente la intersubjetividad.

Procesando lo Invisible

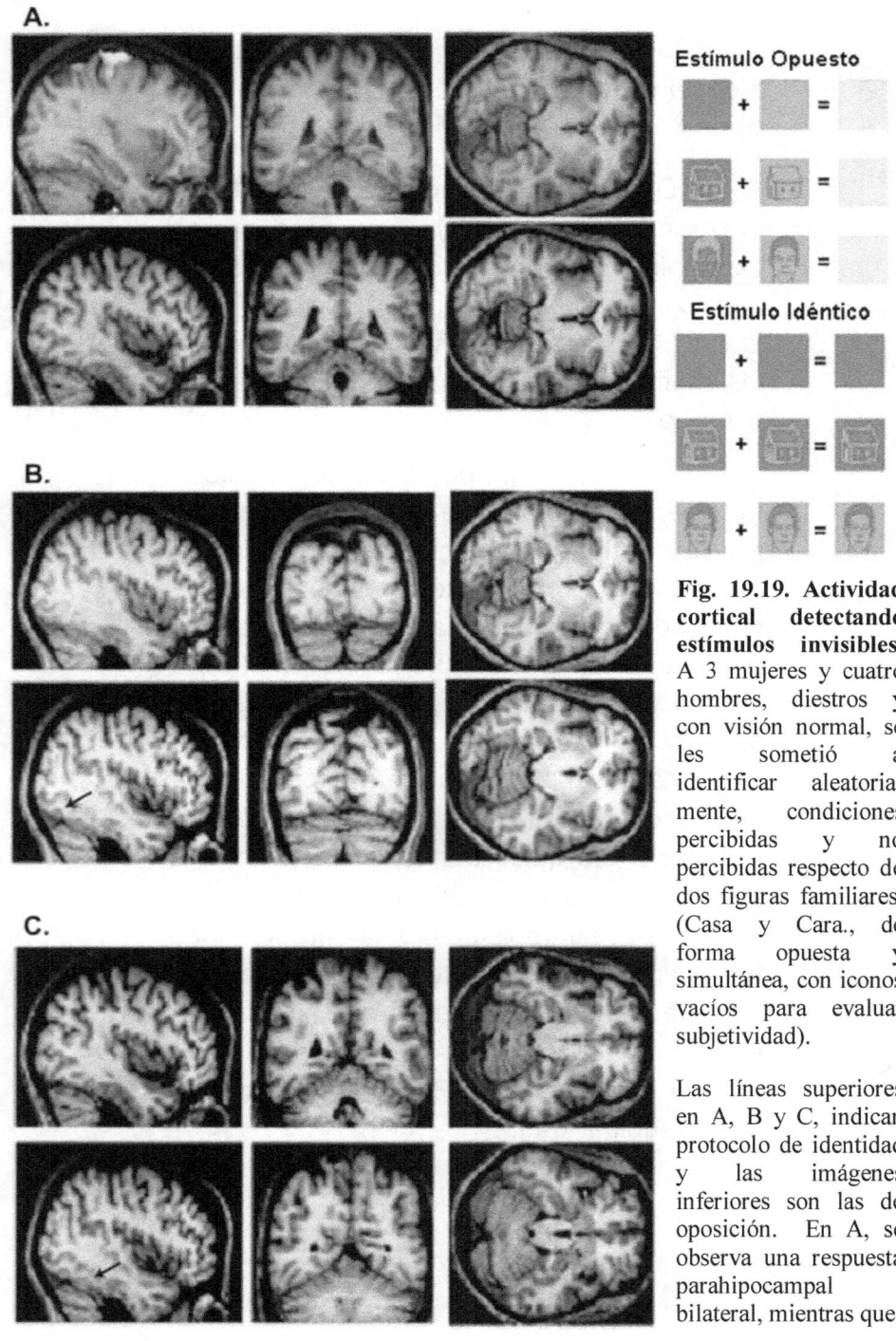

Fig. 19.19. **Actividad cortical detectando estímulos invisibles.** A 3 mujeres y cuatro hombres, diestros y con visión normal, se les sometió a identificar aleatoriamente, condiciones percibidas y no percibidas respecto de dos figuras familiares, (Casa y Cara., de forma opuesta y simultánea, con iconos vacíos para evaluar subjetividad).

Las líneas superiores en A, B y C, indican protocolo de identidad y las imágenes inferiores son las de oposición. En A, se observa una respuesta parahipocampal bilateral, mientras que

La Sublimación del Intelecto y la Neuroepistemología

bajo estímulos idénticos, se presenta actividad unilateral. En B, Las neuronas del Giro Fusiforme son activadas en diferentes áreas. La flecha, en (x 44, y -74, z -14). En C, arriba; mismo estímulo-mismo control con activación en giro fusiforme (x -38, y -48, z -18). Abajo, opuestos caracasa evidenciando con la flecha sitio de activación en giro Fusiforme. Con esto se comprueba el papel de específicas áreas de la corteza visual en los procesos de sensopercepción subjetiva. (Modificado de Moutoussis & Zeki, 2002)

En el caso de identificación donde las figuras "parecen estar invisibles" las células nerviosas, en especial N^{α} y N^{e}; son unidades que independientemente de su alto o bajo desempeño espacio-temporal -determinado por el PFC (♀) - son capaces de contribuir en la integración de fenómenos concienciales: sensoriales o cognitivos; tratando de establecer la resultante de la traducción que identifica la unificación mental, por medio de un jerarquizado procesamiento intercolumnar de muy fina coherencia, cercana a oscilaciones promedio de 40 Hz, donde lo invisible se hace visible y viceversa.

Este fenómeno, podría incluso estudiarse bajo los paradigmas de Christof Koch y Melvin Goodale analizados en los eventos post-imagen (Hofstoetter et al, 2004; van Boxtel et al, 2010) en los que, incluso después de ver un icono en "negativo", aparece "en color" y cambiando de tamaño como un *flash,* tras un estímulo visual en oscuridad (Taylor, 1941; Sperandio et al, 2013), otorgando la idea que el cerebro puede generar y modificar copias de sus propias imágenes mentales en milisegundos (Zambrano, 2012).

Bajo este contexto, la estructuración de la conciencia, no es específica de un solo sitio, sino de un cúmulo sincronizado de funciones neuronales predeterminadas molecularmente, adscritas a una red y estableciendo contactos entre macro y microcolumnas en diferentes partes del cerebro; mayormente en la CPF, área insular, AB 47 y COF del hemisferio derecho, donde se llevan las tareas de alta integración en conjunción con estructuras subcorticales, talámicas, mesencefálicas e incluso límbicas. La anterior premisa que ilustra la «Sincrónica Conectividad Multidimensional (SCM)» facilitada por la total comprensión del patrón fractal coincidente (Zambrano, 2012, 2014 d), podría ser explicable por mecanismos similares presentes en la "jerarquía conjunta o composicional" (Feinberg, 2000, 2006), cumpliendo con el carácter que rige neurobiológicamente el modelo del acoplamiento neuronal colectivo (*binding problem*) (Treisman, 1995; von der Malsburg, 1999), donde con la participación de las demás estructuras cerebrales que conceden el *input* sensorial, parece conformarse una interesante perspectiva que permite elucubrar un utópico engrama conciencial, abrigando la feliz coincidencia entre la epistemología de ciertos comportamientos específicos neuronales y los modelos computacionales que sustentan las dinámicas de muy especializadas unidades nerviosas.

Por ejemplo, gran parte de estos fenómenos de expectación neuronal podrían estar eventualmente asociados también a ciertas peculiaridades subjetivas de carácter experiencial, como el dolor que se presenta tras la amputación de una extremidad, la sinestesia y demás semejanzas previamente discutidas; que se generan durante el procesamiento de la información de orden premotor y con amplia preclaridad intencional, en las que posiblemente sea considerada una contingente maniobra que modifica el llamado peso sináptico, durante la transferencia de la información (*Cfr.* Módulo 56, ver índice general). Esto sin duda, en las magnitudes dependientes de la coherencia temporal escudada en la coincidencia aleatoria de (♀), abarcando los asombrosos complejos de sincronía y relajación de las unidades dentro de una red neuronal que defienden bien Geoffrey Hinton, David Rumelhart, Terence Sejnowsky y sus correligionarios, cuyas teorías algorítmicas y de retropropagación cooperan para fundamentar la probabilidad de que, en efecto, gracias a un desarrollo epistemológico de cada minicomplejo biológico, estas unidades celulares sean capaces de desarrollar un engañoso «*libre arbitrio*» entre ellas mismas, obedeciendo a un potencial código interno que francamente, para su beneplácito, resulta muy difícil determinar actualmente para la neurobiología contemporánea.

La concepción de diversos accesos, teóricos y experimentales a la comprensión de los diversos fenómenos concienciales, marcan la pauta direccional de los objetivos a lograr, mediante la perspectiva actual que es denominada en conjunto como las bases que fundamentan una ciencia para la conciencia.

Quizá el más grande avance en este campo, sin duda es la neuroepistemología, que en su concepción elemental, indaga de manera crítica las tareas que tiene cada neurona, como parte de su predeterminación genética, o como función teleológica del epistema proteico (*Cfr.* Módulo 63). Esto solo aproxima realmente, el gran camino que tiene la neuroepistemología para explicar molecularmente complejos fenómenos concienciales — a partir de lo que nos dice el conocimiento de las neuronas — que son demandas obligatorias de estudio tanto de la

La Sublimación del Intelecto y la Neuroepistemología

filosofía de la mente, como de las neurociencias en general. La concertación de las múltiples ideas, sin duda, las evidencias científicas y el buen rigor que les caracteriza, son herramientas fehacientes para la alcanzar objetivos destinados a entender la compleja maquinaria integral de millones de neuronas en milisegundos, para producir una acción tan maravillosa como el pensamiento racional.

Por tanto y en un afán esencialmente propositivo, no sólo basta con incluir teorías de fondo y de forma sobre los correlatos de la conciencia (Metzinger 2000; Crick & Koch 2003; Stapp 2003; Dehaene & Changeux, 2004; Dennett, 2005; Reese & Frith, 2007; Tononi & Koch, 2008; Zambrano, 2012), sino que más bien, los retos de la neuroepistemología serán dilucidar las extraordinarios acertijos existentes en la fenomenología de la preconciencia y de los acontecimientos que estarían emergiendo antes de los 100 ms, en los que seguramente se encuentran escondidas claves moleculares y otras interacciones proteicas, como los eventos reportados por el grupo de C.V Shank y R.W Schoenlein en Berkeley, en el que la síntesis de rodopsina se realiza en el orden del femtosegundo.

De todos estos aspectos descritos en esta *Summa Neurobiológica* y de la

Solipsismo

subliminalidad intencional de la conciencia, la ciencia tendrá que dar justa cuenta en los próximos años y P^{n+1}, la fracción probabilística de la TEN, ofrece la posibilidad heurística de abordar estadísticamente el problema.

El cerebro es un perverso solipsista,
que se escuda
tras la neblina de la conciencia,
para realizar sus fechorías
molecularmente predeterminadas.

La Sublimación del Intelecto y la Neuroepistemología

EXCERPTA SUCINTA

- La intencional especificidad neuronal reconoce un preciso plegamiento proteico.

- La probabilidad conciencial, es una manifestación filosófica que compete a tareas del conocimiento del ser y de sus microestructuras.

- Evidenciar la función molecular que identifica la multidiversidad de N^I, en sus variables (N^C, $N^f \sim N^{Eq}$, $N\alpha$, N^e, etc); es el fundamento para sustentar científicamente el epistema del engranaje conciencial.

- En tales cualidades debe existir la coincidencia aleatoria de las contingencias y la relativa confabulación espacio-temporal.

- El aprendizaje y la aplicación de estos epistemas del intelecto, se ven reflejados en la continua transformación del entorno.

- Los procesos evolutivos del hombre son parte inherente de su destrucción, semejando patrones primarios ajustados a las leyes elementales de la termodinámica.

Yuri Zambrano

Yuri Zambrano

La Sublimación del Intelecto y la Neuroepistemología

Literatura Fundamental y Sugerencias Bibliográficas

Buzsáki G & Moser EI (2013). Memory, navigation and theta rhythm in the hippocampal-entorhinal system. Nat Neurosci. 16(2):130-8.

Floch AG, Palancade B & Doye V. (2014) Fifty years of nuclear pores and nucleocytoplasmic transport studies: multiple tools revealing complex rules. Methods Cell Biol. 122:1-40.

Hebb D0 (1949) The Organization of Behavior. A Neuropsychological Theory. John Wiley & Sons, NY.

Iqbal Hossain M, Hoque A, Lessene G, Bogoyevitch MA, Burgess AW, Hill AF, et al & Cheng HC (2015). Dual role of Src kinase in governing neuronal survival. Brain Res. 1594:1-14

Jarome TJ, Kwapis JL, Hallengren JJ, Wilson SM & Helmstetter FJ (2013). The ubiquitin-specific protease 14 (USP14) is a critical regulator of long-term memory formation. Learn Mem. 21(1):9-13.

Fetsch CR, Kiani R, Newsome WT & Shadlen MN (2014). Effects of cortical microstimulation on confidence in a perceptual decision. Neuron. 83(4):797-804.

Holden JM, Koreny L, Kelly S, Chait BT, Rout MP, Field MC, Obado SO (2014) Touching from a distance: Evolution of interplay between the nuclear pore complex, nuclear basket, and the mitotic spindle. Nucleus. 31;5(4).

Moser EI, Roudi Y, Witter MP, Kentros C, Bonhoeffer T, & Moser MB (2014b) Grid cells and cortical representation. Nat Rev Neurosci. 15(7):466-81

Quiroga RQ (2012). Concept cells: the building blocks of declarative memory functions. Nat Rev Neurosci. 13(8):587-97.

Rizzolatti G & Fogassi L (2014). The mirror mechanism: recent findings and perspectives. Philos Trans R Soc Lond B Biol Sci. Apr 28;369. PubMed ID: 24778385.

Roux L & Buzsáki G (2015). Tasks for inhibitory interneurons in intact brain circuits. Neuropharmacology. 88-C: 10-23.

Saçar MD, Bağcı C & Allmer J (2014). Computational Prediction of MicroRNAs from Toxoplasma gondii Potentially Regulating the Host's Gene Expression. Genomics Proteomics Bioinformatics. 12(5):228-238

Singer N, Eapen M, Grillon C, Ungerleider LG, Hendler T. (2012) Through the eyes of anxiety: Dissecting threat bias via emotional-binocular rivalry. Emotion. 12(5):960-9

Song L & Cortopassi G (2015). Mitochondrial complex I defects increase ubiquitin in substantia nigra. Brain Res. 1594:82-91

Sperandio I, Kaderali S, Chouinard PA, Frey J, & Goodale MA (2013). Perceived size change induced by nonvisual signals in darkness: the relative contribution of vergence and proprioception. J Neurosci. 33(43):16915-23

Südhof TC (2013). Neurotransmitter release: the last millisecond in the life of a synaptic vesicle. Neuron. 80(3):675-90.

Vidal M & Barres V (2014) Hearing (rivaling) lips and seeing voices: how audiovisual interactions modulate perceptual stabilization in binocular rivalry. Front Hum Neurosci. 2014 Sep 4;8:677

van Boxtel JJ, Tsuchiya N & Koch C (2010). Opposing effects of attention and consciousness on afterimages. Proc Natl Acad Sci U S A.107(19):8883-8

Zambrano Y (2012) Neuroepistemology, What the neurons knowledge tries to tell us. Phy Psi K'a Publishing, Co.

BIBLIOGRAFIA REFERENCIAL
LIBRO DIECINUEVE
(Lecturas Recomendadas y **Esenciales**)

Abbagnano N (1961) Dizionario di Filosofia. Ed. Unione Tipografico-Editrice Torinese. Primera reimpresión en español, FCE, México, 1980.

Adolphs R (2010) Conceptual challenges and directions for social neuroscience. Neuron. 65(6):752-67.

Allen, T.D., J.M. Cronshaw, S. Bagley, E. Kiseleva, and M.W. Goldberg. 2000. The nuclear pore complex: mediator of translocation between nucleus and cytoplasm. *J. Cell Sci.* 113:1651–1659.

Akbarian S, Bates B, Liu RJ, Skirboll SL, Pejchal T, Coppola V, Sun LD, Fan G, Kucera J, Wilson MA, Tessarollo L, Kosofsky BE, Taylor JR, Bothwell M, Nestler EJ, Aghajanian GK, Jaenisch R. (2001) Neurotrophin-3 modulates noradrenergic neuron function and opiate withdrawal. Mol Psychiatry. 6:593-604.

Ballard DH (1997) An introduction to natural computation. MIT Press.

Ballesteros-Yañez I, Muñoz A, Contreras J, Gonzalez J, Rodriguez-Veiga E, De Felipe J. (2005) Double bouquet cell in the human cerebral cortex and a comparison with other mammals. J Comp Neurol. 486:344-60.

Barabasi AL & Oltvar ZN (2004) Network Biology: Understanding the cells functional organization. Nature. Rev. Genet. 5:101-13.

Becker CF, Oblatt-Montal M, Kochendoerfer GG, Montal M. (2004) Chemical synthesis and single channel properties of tetrameric and pentameric TASPs (template-assembled synthetic proteins) derived from the transmembrane domain of HIV virus protein u (Vpu). J Biol Chem. 279:17483-9

Bergson H (1912) Essai sur les donees immediates de la conscience. Felix Alcan Éditeur. París.

Blobel G & Wozniak RW (2000) Proteomics for the pore. Nature 403: 835-36

Block N & Fodor J (1972) What psychological states are not. Phil. Revs, 81 :159-81.

Bollmann FM (2008). The many faces of telomerase: emerging

extratelomeric effects. Bioessays. 30(8):728-32.

Bonifacino JS & Glick BS (2004) The mechanisms of vesicle budding and fusion . Cell 116: 153-66.

Borst G, Ganis G, Thompson WL & Kosslyn SM (2012). Representations in mental imagery and working memory: evidence from different types of visual masks. Mem Cognit. 40(2): 204-17.

Brandstetter H, Kim JS, Groll M, Huber R. (2001) Crystal structure of the tricorn protease reveals a protein disassembly line. Nature. 414:466-70.

Cajal S. R (1899) Textura Del Sistema Nervioso Del Hombre y de los Vertebrados. (1era ed.). Imprenta y librería, de Nicolas Moya, Carretas 8 y Garcilaso 6, Madrid.

Carlezon WA, Duman RS & Nestler EJ (2005) The Many Faces of CREB. Trends Neurosci. 28: 436-445.

Chalmers D (2004) How Can We Construct a Science of Consciousness? In (M. Gazzaniga, ed) The Cognitive Neurosciences III. MIT Press.

Cibelli JB, Kiessling AA, Kerrianne C, Richards C, Lanza RP & West MD (2001) Somatic Cell nuclear transfer in humans: pronuclear and early embryonic development. J. Regenerat. Med. 2:25-

Crick F & Koch C (2003) A framework for consciousness. Nat. Neurosci. 6:119-26

Cronshaw JM, Krutchinsky AN, Zhang W, Chait BT, Matunis MJ. (2002) Proteomic analysis of the mammalian nuclear pore complex. J Cell Biol. 158:915-27.

Damasio A, Grabowsky TJ, Bechara A, Damasio H, Ponto LLB, Parvizi J & Hichwa RD (2000) Subcortical and cortical brain activity during the feeling of self-generated emotions. Nature Neurosci. 3:1049-1056.

Damasio AR (1996). The somatic marker hypothesis and the possible functions of the prefrontal cortex. Philos Trans R Soc Lond B Biol Sci. 351(1346):1413-20

Darwin C (1859) The origin of species by means of natural selection or, the preservation of favored races in the struggle for life : With additions and corrections from sixth and last english ed. **New York : A. L. Burt, 1860.**

de Lafuente V & Romo R (2005) Neuronal correlates of subjective sensory experience. Nat. Neurosci. 12:1698-1703.

de La fuente V & Romo R (2014). How confident do you feel? Neuron. 83(4):751-3.

Degerli S, Altınel S & Horasanlı E.(2014) Bispectral index monitoring in a patient with combination of congenital insensitivity to pain with anhidrosis (**CIPA**) and Shwachman-Diamond **syndrome**. J Anesth. 28(1):137-8.

DeGroot BL & Grubmuller H (2005) The dynamics and energetics of water permeation and proton exclusion in aquaporins. Curr Opin Struct Biol. 15:176-83.

Dehaene S & Changeux JP (2004) Neural mechanisms for access consciousness. IN: Gazzaniga M. (2004) The Cognitive Neurosciences III. Ed. MIT press.

Dennett D (2005) Sweet Dreams: Philosophical Obstacles to a Science of Consciousness (Jean Nicod Lectures S.) Bradford Book.
Dennett D (1991) Consciousness Explained, Little, Brown & Co. USA

Dennett D (1988) *Quining Qualia*. Consciousness in Contemporary Science, Oxford University Press, Oxford,

Dennet DC (1987) The Intentional Stance. Cambridge MA. Bradford Books, MIT

Dennett D (1969) Content and Consciousness. Routledge and Kegan Paul, Ed. Lóndres

Dinner AR, Sali A, Smith LJ, Dobson CM, Karplus M. (2000) Understanding protein folding via free-energy surfaces from theory and experiment. Trends Biochem Sci. 25:331-9.

Ditzel L, Löwe J, Stock D, Stetter KO, Huber H, Huber R & Steinbacher S(1998). Crystal structure of the thermosome, the archaeal chaperonin and homolog of CCT. Cell. 93: 125-138.

Dronkers NF. (1996) A new brain region for coordinating speech articulation. Nature. 384:159-61.

Eccles JC (1980) The Human Psyche. In: The Gifford Lectures. Springer Verlag, Berlin.

Edelman GM (1993) Neural Darwinism: selection and reentrant signaling in higher brain function. Neuron. 10(2):115-25.

Elston GN & Gonzalez-Albo MC. (2003) Parvalbumin-, calbindin-, and calretinin-immunoreactive neurons in the prefrontal cortex of the owl monkey (Aotus trivirgatus): a standardized quantitative comparison with sensory and motor areas. Brain Behav Evol. 62(1):19-30.

Feinberg TE (2000) The Nested Hierarchy of Consciousness. A neurobiological solution to the problem of mental unity. Neurocase 6:75-81.

Ferrater-Mora J (1981) Diccionario de Filosofía. Alianza Editorial. Barcelona.

Fodor JA (2000) The mind doesn't work that way : the scope and limits of computational psychology MIT.

Forbes CE & Grafman J (2010) The role of the human prefrontal cortex in social cognition and moral judgment. Annu Rev Neurosci. 33:299-324.

Frith CD (2007) The social brain? Philos. Trans. R. Soc. Lond. B Biol. Sci. 362, 671–678.

Fukushima K (1980) Neocognitron: a self organizing neural network model for a mechanism of pattern recognition unaffected by shift in position. Biological cybernetics. 36: 193-202.

Fukushima K (2010) Neocognitron trained with winner-kill-loser rule. Neural Netw. (7): 926-38.

Gallese V & Goldman A (1998) Mirror neurons and the simulation theory of mind reading. Trends Cogn. Sci. 2:493-501.

Gallistel CR (1980) The organization of action: A new synthesis. Erlbaum-Hillsdale, NJ.

Ganis G, Thompson WL, Kosslyn SM. (2004) Brain areas underlying visual mental imagery and visual perception: an fMRI study. Brain Res Cogn Brain Res. 20(2):226-41.

Gray JR, Braver TS & Raichle ME (2002) Integration of emotion and cognition in the lateral prefrontal cortex. Proc. Natl. Acad. Sci. USA 99:4115-20.

Grespi F & Melino G (2012). P73 and age-related diseases: is there any link with Parkinson Disease? Aging (Albany NY). 4(12):923-31.

Gritti I, Manns ID, Mainville L & Jones BE. (2003) Parvalbumin, calbindin, or calretinin in cortically projecting and GABAergic, cholinergic, or glutamatergic basal forebrain neurons of the rat. J Comp Neurol.458:11-31.

Groll, M., Ditzel, L., Löwe, J., Stock, D., Bochtler, M., Bartunik, H. D. and Huber, R. (1997). Structure of 20S proteasome from yeast at 2.4 Å resolution. Nature 386, 463-471

Groll M, Heinemeyer W, Jäger S, Ulrich T, Bochtler M, Wolf DH & Huber R (1999) The catalytic sites of 20S proteasomes and their role in subunit maturation: a mutational and crystallographic study. Proc. Natl. Acad. Sci. USA. 96:10976-10983.

Gullapali V (1992) Reinforcement learning and its application to control. Technical report COINS 92-10. University of

Massachusetts, Amhearst, MA. En: Rudomin P, Arbib MA, Cervantes Perez F & Romo R. Neuroscience: From Neuronal Networks to Artificial Intelligence. Springer Verlag, Heidelberg.

Habermas J (1988) Nachmetaphysisches Denken: Philosophische Aufsätze. Suhrkamp Verlag, Frankfurt am Main, Deutschland.

Habermas J (2001) Die Zukunft der Menchslichen Natur, auf dem weg zu einer liberlen eugenik? Suhrkamp Verlang, Frankfurt Am Main, Deurschland.

Hafting T, Fyhn M, Molden S, Moser M-B, Moser EI (2005) Microstructure of a spatial map in the entorhinal cortex. Nature. 436, 801–806.

Hebb DO (1958) A Textbook of Psychology. WB Saunders.

Heidegger M (1959) Zur seinsfrage. V. Klostermann, Frankfurt Am main Gesamtherstellung buckdruckerei. AG Passavia, Passau Deutschland.

Hirstein W & Ramachandran VS (1997) Capgras Syndrome: A novel probe for understanding the neural representation of the identity and familiarity of persons. Proc. R. S. Lond. B. 264:437-44.

Hinton GE, Rumelhart DE & Williams RJ (1986) Learning representation by back propagating errors. Nature 323: 533-36

Hinton GE & Sejnowsky TJ (2001) Learning and Relearning in Boltzmann Machines. IN: Sejnowsky TJ & Jordan MI. Graphical models, foundations of neural computation. A Bradford Book. 2001.

Hochberg H (1996) Philosophical logic and in the Russell-Wittgenstein dispute. IN Angelleli I & Cerezo M eds. Studies on the history of logic. Walter de Gruyter, Berlin, 1996. Pgs 317-42.

Hofstoetter C, Koch C & Kiper DC (2004) Motion-induced blindness does not affect the formation of negative afterimages. Conscious Cogn 13:691–708

Huber, R., Roemisch, J., & Paques, E. (1990) The crystal and molecular structure of human annexin V, an anticoagulant protein that binds to calcium and membranes.. EMBO J. 9:3867 – 3974.

Hug N & Lingner J (2006) Telomere length homeostasis. Chromosoma. 115(6):413-25

Husserl E (1910) *Zur Phänomenologie Der Intersubjectivität,* Den Haag, Martinus Nijhoff, 1973 eds.

Husserl E (1913) Ideen Zu Einer Reinen Phänomenologie Und

Phanomenologischen philosophie. Ed. Halle, Max Niemayer. Deutschland.

Iacaboni M, Woods RP, Brass M, Bekkering H, Mazziotta JC & Rizzolatti G (1999) Cortical mechanisms of human imitation. Science 286:2256-58.

Jackendoff R (1987) Consciousness and the computational mind. MIT Press, Cambridge Massachussets.

Jackson F (1982) Epiphenomenal *qualia*. Philosophical quarterly. 32 (127): 127-36.

Jiang Y, Lee A, Chen J, Ruta V, Cadena M, Chalt BT & MacKinnon R (2003) X-Ray Structure of a Voltaje Dependent K^+ Channel. Nature, 423:33-41

Kahneman D (2002) Maps of Bounded Rationality. *Les Prix Nobel* 2002 Center for History of Science at the Royal Swedish Academy of Sciences. Stockholm, Sweden.

Kahneman, D & Frederick, S. (2002). Representativeness revisited: Attribute substitution in intuitive judgment. In T. Gilovich, D. Griffin and D. Kahneman (Eds.) *Heuristics and Biases: The Psychology of Intuitive Judgment*. New York: Cambridge University Press, 2002.

Kleinschmidt A, Büchel C, Zeki S, Frackowiack RSJ (1998) Human Brain activity during spontaneously reversing perception of ambiguous figures. Proc. R. Soc. Lond. B. 265:2427-33

Kripke S (1972) Naming and Necessity. En: Davidson D & Harman G. Semantics of Natural Language. Reidel, Dordrecht, Ed.

Kupfer DJ & Regier DA: American Psychiatric Association-Task Force (2013) DSM-V, Diagnostic and Statistical Manual of Mental Disorders. Fifth Edition. American Psychiatric Publishing. Arlington. VA.

Lewin B, (2012) Genes XI. Jones & Bartlett Learning.

Lumer ED & Rees G (1999) Covariation of activity in visual and prefrontal cortex associated with subjective visual perception. Proc Natl Acad Sci U S A. 96: 1669–1673

Luna R, Hernández A, Brody CD & Romo R (2005) Neural Codes for perceptual discrimination in primary somatosensory cortex. Nat. Neurosci. 8:1210-9

Margulis L (2001) The conscious Cell. Ann. NY. Acad. Sci. 929:55-70.

Maslow A, Capra F, Dass R, Tart C, Grof S, et al (1980) Beyond Ego. Roger Walsh and Frances Vaughan, Ed.

Matthews DA, Dragovich PS, Webber SE, Fuhrman SA, Patick AK, Zalman LS, Hendrickson TF, Love RA, Prins TJ, Marakovits JT, Zhou R, Tikhe J, Ford CE, Meador JW, Ferre RA, Brown EL, Binford SL, Brothers MA, DeLisle DM, Worland ST. (1999) Structure-assisted design of mechanism-based irreversible inhibitors of human rhinovirus 3C protease with potent antiviral activity against multiple rhinovirus serotypes. Proc Natl Acad Sci U S A. 96:11000-7.

Melino G (2003) p73, The "assistant" guardian of the genome? Ann. NY Acad. Sci. 1010:9-15.

Mellott TJ, Williams CL, Meck WH, Blusztajn JK. (2004) Prenatal choline supplementation advances hippocampal development and enhances MAPK and CREB activation. FASEB J. 18:545-7.

Metzinger T (2000) The Neural Correlates of consciousness. Empirical and Conceptual Questions Cambridge. MIT Press.

Metzinger T & Gallese V. (2003) The emergence of a shared action ontology: building blocks for a theory. And "Of course They do". Conscious Cogn. 12(4):549-76

Miller KD (1996) Synaptic Economics: competition and cooperation in synaptic plasticity. Neuron 17:371-74.

Mirmiran M, Maas YG & Ariagno RL (2003) Development of fetal and neonatal sleep and circadian rhythms. Sleep Med Rev. 7:321-34.

Miyashita Y (1993) Inferior temporal cortex: where visual perception meets memory. Annu. Rev. Neurosci. 16:245-63.

Moser EI, Moser MB & Roudi Y (2014) Network mechanisms of grid cells. Phil. Trans. R. Soc. B 369: 1635. PMID:24366126

Moser EI & Moser MB (2013). Grid cells and neural coding in high-end cortices. Neuron. 80(3):765-74.

Moser EI, Kropff E & Moser MB (2008) Place cells, grid cells, and the brain's spatial representation system. Annu Rev Neurosci. 31:69-89.

Mossesova E, Bickford LC & Goldberg J. (2003) SNARE selectivity of the COP II coat. Cell 114:483-495.

Moutoussis K & Zeki S (2002) The relationship between cortical activation and perception investigated with invisible stimuli. Proc. Nat. Acad. Sci. USA. 99: 9527-32

Nagel T (1974) What is it like to be a bat? Philosophical Rev. 83:435-50.

Naya Y, Yoshida M & Miyashita Y (2003) Forward processing of long term associative memory in monkey inferotemporal cortex. J. Neurosci.23:2861-71.

O'Hearn E, Molliver ME. (1997) The olivocerebellar projection mediates ibogaine-induced degeneration of Purkinje cells: a model of indirect, trans-synaptic excitotoxicity. J Neurosci.17:8828-41.

O'Keefe J & Dostrovsky J (1971) The hippocampus as a spatial map. Preliminary evidence from unit activity in the freely-moving rat. Brain Res 34(1):171-5.

O'Keefe J & Nadel L (1978) The Hippocampus as a Cognitive Map. Oxford: Clarendon Press.

Pears D (1977) The relation between Wittgenstein picture theory of propositions and Russell's theories of judgement. Philosophical Rew. 86:177-96.

Peirce, C S S (1992) Reasoning and the Logic of Things : The Cambridge Conferences Lectures of 1898 . Ed. by Kenneth Laine Ketner and Hilary Putnam. Cambridge : Harvard University

Pins, D & ffytche, D. (2003). The neural correlates of conscious vision. Cereb Cortex, 13:461-474.

Piaget J (1950) Introduction à l'épistémologie génétique. Tome III: La pensée biologique, la pensée psychologique et la pensée sociale. Presses Universitaires de France.

Platek SM, Keenan JP, Gallup GG Jr & Mohamed FB (2004) Where Am I. The Neurological correlates of self and other. Cogn. Brain Res. 19: 114-122.

Pollard TD & Earnshaw WC (2004) Cell Biology. Saunders~Elsevier

Popper KR (1935) Logik der Forschung. Vienna, Springer-Verlag.

Popper KR (1965) Conjectures and refutations, the growth of scientific knowledge. 2nd ed. N.Y Harper and Row.

Popper K. (1994) Knowledge and the Mind-Body Problem: In Defense of Interactionism. Routledge, London.

Pouget A & Sejnowsky TJ (1997) Spatial transformation in the parietal cortex using basis functions. J. Cogn. Neurosci. 9:222-37

Putnam H (1967) Psychological Predicates. En; Capitan WH & Merrill DD. Art, Mind and Religion, Pittsburgh.

Putnam H (1994) Sense, Nonsense, and the Senses: An Inquiry Into The Powers Of The Human Mind. The Dewey Lectures, J. Philos. XCI, 9:445-517.

Quian N & Sejnowsky TJ (1988) Predicting the secondary structure of globular proteins using neural network models. J. Mol. Biol 202:865-84.

Quian Quiroga R, Reddy L, Kreiman G, Koch C & Fried I (2005). Invariant visual representation by single neurons in the human brain. Nature. 435(7045):1102-7

Quine WVO (1969) Epistemology Naturalized. IN: Ontological relativity and other essays. New York : Columbia university press, c1969.

Radford SE & Dobson CM (1999) From Computer Simulations To Human Disease: Emerging Themes In Protein Folding. Cell 97:291-298.

Rakic PO (2002) Neurogenesis in adult primates. Prog. Brain.Res. 138:3-13

Reese G & Frith C (2007), Methodologies for identifying the neural correlates of consciousness. In: The Blackwell Companion to Consciousness. Velmans M and Schneider S, eds., pp. 553–66. Blackwell: Oxford, UK.

Rockwell WT (2005) Neither Brain Nor Ghost: A Nondualist Alternative to the Mind Brain Identity Theory. MIT Press.

Romo R, Hernández A, Zainos A & Salinas E (1998) Somatosensory discrimination based on cortical microstimulation. Nature 392:387-90

Rumelhart DE & Zipzer D (1985) Feature discovery by competitive learning. Cognitive Science 9:75-112

Saab CY & Willis WD (2003) The cerebellum: Organization, Functions and its role in nociception. Brain Res. Revs. 42:85-95

Searle J. (1998) How to study consciousness scientifically. Brain Res Brain Res Rev. 26:379-87.

Searle J. (2000) Consciousness. Ann. Rev. Neurosci. 557-578.

Searle J (2004) Mind. A brief Introduction. Oxford University Press.

Simon H (1978) Rational Decision-Making in Business Organizations. From *Nobel Lectures, Economics 1969-1980*, Editor Assar Lindbeck, World Scientific Publishing Co., Singapore, 1992

Skeldal S, Matusica D, Nykjaer A, & Coulson EJ (2011). Proteolytic processing of the p75 neurotrophin receptor: A prerequisite for signalling?: Neuronal life, growth and death signalling are crucially regulated by intra-membrane proteolysis and trafficking of p75(NTR). Bioessays. 33(8):614-25.

Sommerhoff CP, Bode W, Pereira PJ, Stubbs MT, Stürzebecher J,

Piechottka GP, Matschinner G & Bergner A (1999) The structure of human β II-Tryptasa tetramer: Fo(u)r better or worse. Proc. Natl. Acad. Sci. USA 96:10984-91

Super H, Van der Togt, C, Spekreijse, H & Lamme, VA (2003) Internal state of monkey primary visual cortex (V1) predicts figure-ground perception. J Neurosci, *23*: 3407-3414.

Swain JF & Gierasch LM. (2001) Signal peptides bind and aggregate RNA. An alternative explanation for GTPase inhibition in the signal recognition particle. J Biol Chem. 276:12222-7.

Szeto HH & Hinman DJ (1985) Prenatal development of sleep-wake patterns in sheep. Sleep. 8 : 347-55.

Taylor FV (1941) Change in size of the afterimage induced in total darkness. J Exp Psychol 29:75–80.

Tolbert DL & Clark BR.(2000) Olivocerebellar projections modify hereditary Purkinje cell degeneration. Neuroscience. 101:417-33.

Toga AW & Mazziotta JC (2002) Brain Mapping: The Methods. Second Ed. Academic Press.

Tononi G (2008) Consciousness as integrated information: a provisional manifesto. Biol Bull. 215 (3): 216-42.

Tononi G & Koch C (2008) The Neural Correlates of Consciousness: an update. Ann. NY. Acad. Sci. 1124: 239-61.

Treisman A (1995) Modularity and attention: is the binding problem real? Visual cogn. 2:303-311.

Ungewickell E, Ungewickell H, Holstein SE, Lindner R, Prasad K, Barouch W, Martin B, Greene LE, Eisenberg E. (1995) Role of auxilin in uncoating clathrin-coated vesicles. Nature. 378:632-5.

Van Hemmen L & Sejnowsky TJ (2003) Problems in Systems Neuroscience. Oxford University Press, NY.

Varela FJ & Singer W (1987). Neuronal dynamics in the visual corticothalamic pathway revealed through binocular rivalry. Exp Brain Res. 66(1):10-20.

von der Malsburg C (1999) The what and why of binding: The modeler's perspective. Neuron 24: 95-104

Walter P & Johnson AE. (1994) Signal sequence recognition and protein targeting to the endoplasmic reticulum membrane. Annu Rev Cell Biol.10:87-119.

Watson JD, Baker TA, Bell SP, Gann A, Levine M, Losick R (2013) Molecular Biology of the Gene. VII ed. Benjamin Cummings.

Wittgenstein L (1914-1916) Tagebucher. Frankfurt, Suhrkamp, 1984.

Wittgenstein L (1921) Logisch-Philosophische Abhandlung. *Kritische Edition*. First German edition in Annalen der Naturphilosophie 14:185-262.

Wolford G, Miller MB, Gazzaniga MS (2004) Split Decisions. En: Gazzaniga MS. The Cognitive Neurosciences III ed. MIT Press.

Xirau R (1983) Introducción a la Historia de la Filosofía. Apéndice II. Dirección General de Publicaciones, UNAM. México D.F.

Young CE, Yang CR (2004). Dopamine D1/D5 receptor modulates state-dependent switching of soma-dendritic Ca2+ potentials via differential protein kinase A and C activation in rat prefrontal cortical neurons. J Neurosci. 24:8-23.

Zambrano Y (2014, a) Los Niveles de percepción en la cínica de la conciencia. NBI Editores.

Zambrano Y (2014, b) Los niveles de la percepción extrasensorial. NBI Editores.

Zambrano Y (2014, C) Un Viaje al Centro de Nuestra Conciencia. Aproximaciones Neurobiológicas. NBI editores.

Zambrano Y (2014, d) Nuevos Conceptos en procesamiento neuronal (Redes Neuronales III) NBI Editores.

Zambrano Y (2014, E) El Procesamiento de la Información Intelectual. **Redes Neuronales I.** NBI editores.

Zambrano Y (2014 F) Hablando se entiende la gente. NBI Editores.

Zambrano Y (2014 g) Sensopercepciones, Integración Sensorial: Ontogenia de los Sentidos. NBI Editores.

Zambrano Y (2014, h) Las Moléculas de la Memoria: Cómo se archivan nuestro recuerdos. NBI editores

Zambrano Y (2014, i) Ahora qué recuerdo. Los Circuitos de la Memoria y las Cortezas de Asociación. NBI Editores.

Zambrano Y (2014 J) De los iones a la membrana. NBI Editores.

Zambrano Y (2014 K) La Ultraneurona o el paradigma de la especificidad. NBI Editores.

Zambrano Y (2014 L) Neurobiología del Intelecto, Telaraña Editores.

Zambrano Y (2014 M) Vida, Obra y milagros de un sistema nervioso. NBI Editores.

Zambrano Y (2014 N) En Busca del Pensamiento Perdido: Algunas Disquisiciones Sobre la Frenología y la Topografía Cortical. NBI Editores.

Yuri Zambrano

www.ingramcontent.com/pod-product-compliance
Lightning Source LLC
Chambersburg PA
CBHW060832170526
45158CB00001B/141